KB017471

자동차
자율주행 기술
교과서

자동차 자율주행 기술 교과서

이정원 지음

인공지능 시대의 자동차 첨단기술을 이해하는
자율주행 메커니즘 해설

보누스

머리말

이동 수단에서 생활공간으로 미래를 몰고 올 자율주행 혁명

자율주행이라고 하면 어린 시절 즐겨 보던 드라마 '전격 Z 작전'에 나오는 '키트'가 떠오르곤 한다. 키트는 인공지능이 탑재된 자동차로 놀랍게도 주인공이 부르면 어디든 달려오는 모습을 보여줬다. 그렇게 자율주행이라는 환상을 품은 지가 벌써 30여 년 전이다.

지난 30여 년 동안 나는 물론이고 자동차도 변했다. 기계공학을 전공하고 20년 넘게 자동차 밥을 먹고 살아가는 동안 자동차는 기계 덩어리에서 움직이는 컴퓨터로 변했다. 언뜻 보면 운전이라는 행위는 예나 지금이나 크게 달라진 것이 없어 보이지만, 사실은 전혀 그렇지 않다. 자동차에 ECU 같은 컴퓨터 부품이 탑재되면서 운전자가 신경 써야 하는 영역이 점점 줄어드는 변화가 진행 중이다.

막연하게 먼 미래로 느껴지던 자율주행이 가깝게 느껴진 데는 테슬라의 공이 크다. 테슬라는 오토파일럿(autopilot)을 선보이며 단순히 사고를 예방하고 주행을 도와주는 ADAS 기능을 넘어섰다. 전동화와 네트워크라는 장점을 바탕으로 자율주행이 가져다줄 미래를 미리 맛보게 해주고 있다.

물론 아직 규제와 인증 같은 법적 절차들은 정비가 되지 않은 상황이다. 그렇지만 자동차가 우리 대신 운전하는 시대는 생각보다 빨리 다가오고 있다. 세탁기가 가사 노동에 붙잡혀 있던 여성들을 해방한 것처럼, 사람들이 운전에서 해방되면 차는 이동 수단에 머물지 않고, 다른 활동을 할 수 있는 공간으로 탈바꿈할 것이다. 이제 우리는 자동차가 단순한 이동 수단을 넘어 삶의 질을 향상할 자율주행 시대를 준비해야 한다.

《자동차 자율주행 기술 교과서》는 이 같은 미래를 제대로 맞이하고 싶은 사람을 위해 기획됐다. 먼저 자율주행의 기본이 되는 ADAS 기능들을 간단히 살펴보고, 자동차

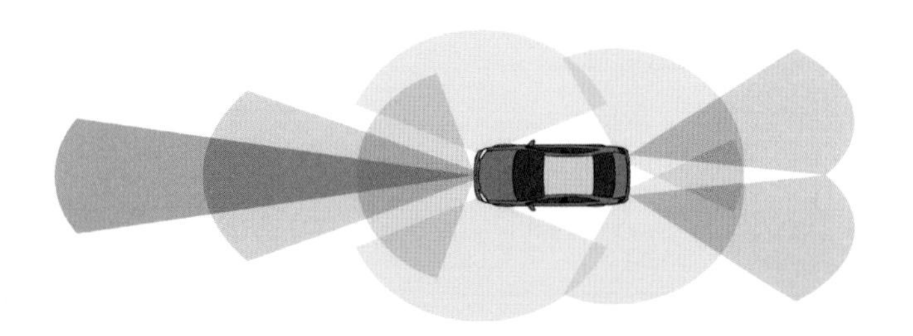

가 전동화와 네트워크에 연결되면서 기능이 더 확장되는 과정을 정리했다.

궁극적으로 자율주행이 가능해지려면 어떤 상황인지 인지하고 판단해서 내 위치와 목적지까지 안내하는 경로를 따라 자동차를 제어하는 일련의 과정들을 자동차가 대신해야만 한다. 인지/판단/경로 결정/차량 제어 등의 단계에서 어떤 센서들이 사용되고, 어떤 기술들이 적용되는지를 자동차 개발자가 아니더라도 이해하기 쉽게 최대한 풀어서 정리했다.

아무리 기술이 발달해도 사고를 피할 수는 없다. 자율주행 자동차에서 사고가 났을 때 책임을 어떻게 나눌지에는 명확한 기준과 사회적 합의가 필요하다. 안전을 위해 개발 과정에서 어떤 기준으로 접근하는지, 자동차와 운전자는 어떻게 소통해야 하는지를 책에서 다뤘다. 또 안전 기준에 관한 검증과 표준화와 관련된 담론을 담아봤다.

자율주행 기능이 일반화되면 우리가 알던 자동차를 과연 자동차라고 부를 수 있을까? 자동차와 로봇의 경계가 허물어지면서 변화하는 환경에 적응하는 자만이 살아남겠다는 생각이 책을 쓰는 내내 계속됐다. 이 책을 보는 독자들에게도 새로운 변화를 맛보고 미리 준비할 수 있는 계기가 되기를 기원한다.

부끄러운 고백이지만 기존에 알고 있었던 것보다 책을 쓰면서 새롭게 배운 내용이 더 많다. 자동차 회사에서 일하고 있지만, 그간 완성된 기능을 납품받아서 조합하던 역할에 머물러 있던 것이 아니었는지 스스로 반성하게 됐다. 끝으로 20년 차 공돌이를 새로운 영역에 도전할 수 있도록 이끌어준 보누스 출판사와 새로운 도전을 늘 응원해주는 사랑스러운 가족에게 감사를 전한다.

차례

PART 1

스스로 주행하는 자동차가 온다

01-01

미래 자동차의 조건, C.A.S.E

연결되고 공유하고 전기로 움직이는 자동차가 찾아온다

2007년 아이폰이 출시되면서 우리 손안에 세상과 연결된 장치가 들어왔고, 우리 삶은 송두리째 바뀌었다. 스마트폰은 우리 삶의 대부분을 함께하고 있으며, 우리가 살아가는 가운데 생성되는 수많은 데이터가 거쳐 가는 디바이스(device)가 됐다. 이 과정에서 IT 기업들은 다양한 서비스를 제공하며 막대한 수익을 내고 있다.

자동차도 살아남으려면 이런 변화를 따라가야 한다. 세계 굴지의 자동차 제조사들이 저마다 "이제 우리는 자동차 제조사가 아니다."라고 선언하며 모빌리티 서비스 기업임을 자청하는 데에는 5년마다 새 차를 팔아야만 이익을 얻을 수 있는 제조업만으로 살아남기 어렵다는 절박함이 담겨 있다.

그래서 미래 자동차는 사람들의 이동과 함께하는 모빌리티 서비스 수단이 돼야 한다. 많은 이가 꿈꾸는 미래를 맞이하려면 연결성(Connectivity), 자율주행(Autonomous), 공유(Shared), 전동화(Electrical), 이른바 C.A.S.E의 실현이 필수적이다.

C.A.S.E는 서로 밀접하게 관련이 있다. 연결성을 이용하면 자율주행에 필요한 연산을 하는 프로세서와 정보들을 굳이 한 차에 다 갖추지 않아도 된다. 자율주행이 가능해지면 차가 필요한 사람이 있는 곳으로 자동차를 보내기가 더 쉬워지고, 그렇다면 자동차를 소유하기보다는 공유하는 비중이 더 높아질 것이다. 이 모든 과정을 처리하는 데에는 많은 전기에너지가 필요하기 때문에 전기를 주로 쓰는 전기차가 변화에 더 유리하다. 자동차가 이동 수단이 아니라 삶의 공간이 되는 시대가 멀지 않았다.

C.A.S.E의 정의와 업계 목표

	정의	현황(2020년)	목표(2030년)
C	Connected. 차량의 인터넷 연결 기능을 강화해 차량 정보를 실시간으로 주고받을 수 있게 하고, 이를 통해 다양한 서비스를 제공한다.	전 세계 출고 차량의 48%에 인터넷 연결 기능이 탑재	전 세계 출고 차량의 96%에 인터넷 연결 기능이 탑재
A	Autonomous. 자율주행 기술을 개발해 운전자 개입이 없이도 주행이 가능한 차량을 실현한다.	전 세계 출고 차량의 45%에 레벨 2 이상의 기능이 탑재	전 세계 출고 차량의 79%에 레벨 2 이상의 기능이 탑재
S	Shared & Services. 차량 공유와 관련 서비스를 제공해 자동차를 소유하는 개념에서 사용하는 개념으로 전환한다.	제조사 수익의 1%	제조사 수익의 26%
E	Electrification. 전기를 동력으로 사용하는 차량을 개발해 환경친화적인 운송 수단을 제공한다.	판매 차량의 3%	판매 차량의 24%

미래 모빌리티 산업의 4대 요소로 C.A.S.E가 꼽힌다. 네트워크에 연결되고 자율주행이 가능하며 소유가 아닌 공유 형태로 운용되는 전기차의 시대가 도래할 것으로 예상된다.
(참고 : iot-automotive.news/harman-experiences-per-mile-advisory-council-unveils-new-study-on-automotive-mobility-transformation-from-2020-to-2030)

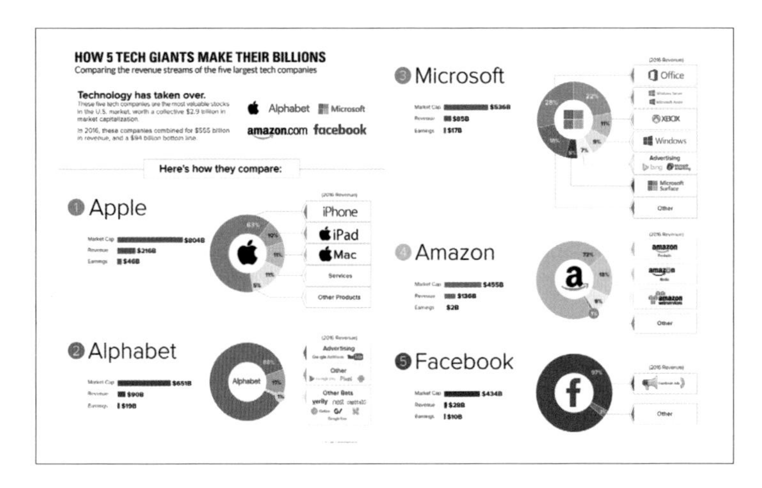

5대 IT 기업들은 자신의 주 영역에서 오가는 데이터에서 파생된 산업 덕분에 해당 분야의 거인이 됐다.
(출처 : visualcapitalist.com/chart-5-tech-giants-make-billions)

01-02

소유에서 이동 수단으로 MaaS

차를 소유하지 않아도 되는 시대로 변하고 있다

사람은 살아가는 동안 끊임없이 이동을 한다. 많은 인구가 도심에 밀집해 사는 도시화 트렌드를 감안하면, 교통 혼잡은 피할 수 없는 어려움이다. 많은 사람이 차를 끌고 나와 길 위에서 시간을 허비하고 있다.

자율주행이 보편화된다면 운전이라는 고됨은 극복할 수 있겠지만, 이동에 걸리는 시간 자체를 줄일 수는 없다. 사람들의 이동을 개선하려면 다양한 이동 수단을 통합적으로 제공하는 이동 서비스, 즉 MaaS(Mobility as a Service)가 필요하다.

MaaS는 모든 교통수단을 고려해서 이동에 필요한 계획부터 예약, 티켓팅, 길 찾기, 결제에 이르는 모든 과정을 한 디지털 플랫폼에서 통합 제공하는 서비스를 말한다. 카카오T나 중국의 디디추싱 등 다양한 앱 서비스들이 가장 빠른 대중교통수단을 안내하고, 자동차와 전동 킥보드와 자전거를 공유할 수 있는 서비스를 제공한다.

핀란드 헬싱키는 통신업체인 에릭슨·우버와 손을 잡고 도시 내 교통수단을 이용할 수 있는 Whim이라는 앱을 개발해 사용하고 있다. 독일도 Quixxt라는 유사한 서비스를 이미 시작했다. 자동차 회사와 통신업체가 연합해 차량 공유에 기반한 이동 서비스를 확대해 가고 있다.

자율주행 기술이 더 보편화되면 MaaS는 범위를 넓혀 대중 교통망이 빈약한 지역을 자율주행 기술이 적용된 공유 차량으로 채울 수 있을 것이다. 이는 도심 지역에서 차량을 소유할 필요성을 줄이고, 밀집도를 낮춰서 도로에서 시간을 낭비하지 않도록 하는 데 도움이 될 것으로 예상된다.

서비스로서의 이동 수단

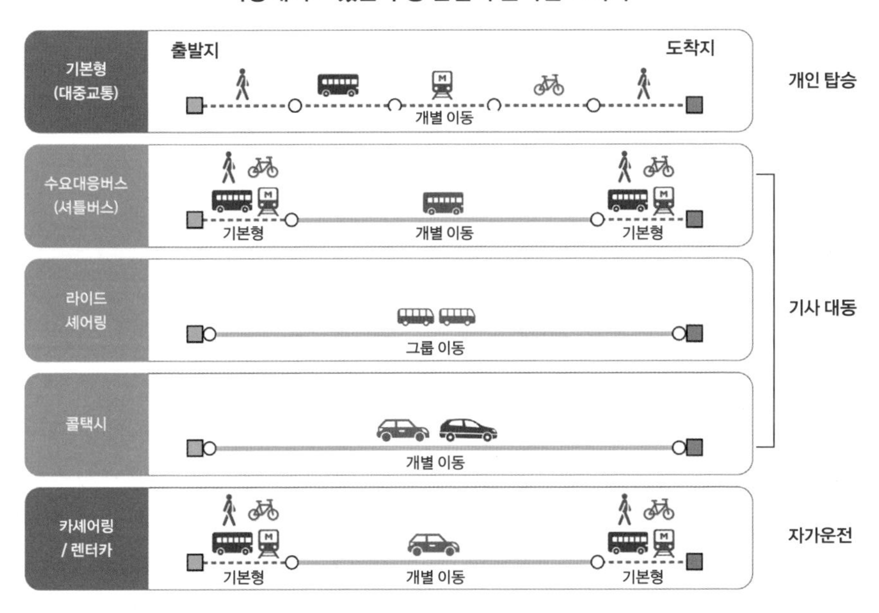

자동차가 서비스로 제공되면 자동차는 소유가 아닌 활용의 대상이 된다. (참고 : KT 홈페이지)

MaaS의 서비스 영역

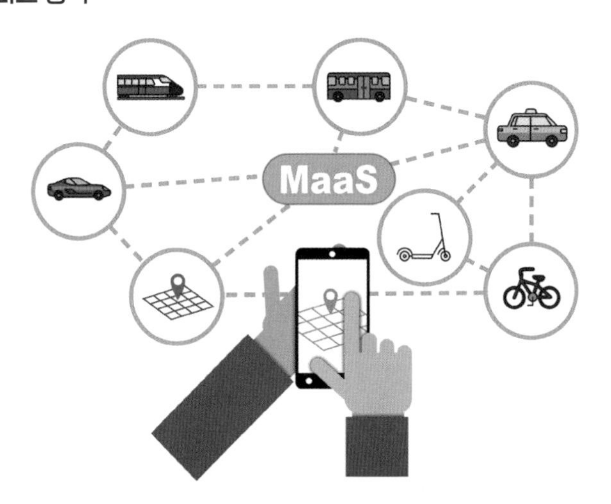

스마트폰 하나로 모든 이동 수단들이 서로 연결된다.

01-03

운전에서 해방되면 누릴 수 있는 것들

이동의 자유로움에서 소외당하던 사람들도 혜택을 누릴 수 있다

자율주행 기술로 얻을 수 있는 장점은 생각보다 다양하다. 일단 운전 행위에서 느껴지는 피로감이 줄어들 것이다. 가고 멈추고 길을 따라가고 차속을 유지하는 작업은 운전자에게 육체적 정신적 피로와 스트레스를 유발한다. 운전자의 피로와 스트레스가 줄어든다면, 특히 장거리 운전이 수월해지면서 물류 산업에 큰 변화를 가져올 수 있다.

무인 택배와 무인 물류가 현실이 될 것이고, 부족한 인원을 대체할 수도 있다. 현재 미대륙을 횡단하는 트럭들은 안전을 위해서 하루 10시간 이상 주행할 수 없어서, 한 번 횡단하려면 주행 시간이 4일 정도 걸리곤 하는데, 이 시간도 크게 단축할 수 있을 것으로 예상된다. 그러면 관련 산업의 경쟁력은 다른 차원으로 크게 도약할 것이다.

고령자나 장애인같이 운전 자체가 불가능했던 사람에게도 이동의 자유가 생길 것이다. 또한 대중 교통망이 충분히 갖춰지지 않은 지역에서 공유 차량을 이용하면 사람들이 더욱 쉽고 빠르게 이동할 수 있다.

자율주행을 기반으로 다양한 차량 공유 서비스가 일반화되면 도심으로 밀집된 교통량이 줄어들 것이다. 여러 안전 기능들이 보편화되면, 사고도 줄어, 교통 체증으로 버리는 시간을 아낄 수도 있다. 이동한 지역에 자동차가 반드시 머무를 필요도 없으니 주차난 해소에도 도움이 될 것이다.

무엇보다도 이동하는 동안 자유로워진다. 영화를 보고 책을 읽고 업무를 볼 수 있는 시간이 생긴다. 자동차 형태도 이동보다 여러 업무나 여가에 따라 변화할 것이다. 이미 자동차 제조사가 다양한 형태의 PBV(Purpose Built Vehicle) 모델을 선보이며 미래를 준비하고 있다.

자율주행과 물류 혁명

미대륙을 횡단하는 대형 트럭. 지금은 10시간 이상 주행이 금지돼 있지만, 자율주행이 보편화되면 주행 시간이 두 배 이상 늘어날 수 있다.

생활공간의 확장

토요타 자동차의 E-Pallete. 용도에 따라 다양한 형태가 가능하다. 도쿄 올림픽에서 운영했다. (출처 : 글로벌 토요타 홈페이지 자료)

01-04

자율주행 기능의 수준을 정하는 기준, SAE 5단계

운전자 개입이 줄어드는 방향으로 진화한다

다양한 자율주행 기술이 개발되면서 기술 수준과 관련해서 표준이 필요해졌다. 이에 미국자동차공학회 SAE에서는 자율주행 기술 5단계를 2014년에 발표했다.

일단 0단계는 운전자가 모든 운전 조작을 수행하는 수동 운전 차량이다. 0단계 차량은 운전 보조 기술을 갖추지 않았고, 운전자 조작이 전적으로 필요하다. 1단계는 운전자를 보조하는 안전 기술이 장착된 차량으로 주행 차선 유지, 가속 및 감속을 수행할 수 있다. 핸들링과 브레이킹을 동시에 제어할 수는 없고, 운전자가 운전대를 반드시 잡고 조종해야 한다.

2단계부터는 부분 자율주행이 가능하다. 이 단계의 차량은 주행 차선 변경, 주차, 속도 조절 및 기타 운전 조작을 자동으로 수행할 수 있으며 운전자는 차량 주행을 감독해야 하는 의무를 지닌다. 현재 ADAS를 탑재한 차량들 대부분이 2단계다.

진정한 의미의 자율주행은 조건부 자율주행인 3단계부터다. 차량은 고속도로처럼 특별한 방해 없이 운전을 할 수 있는 구간에서 운전 조작을 자동으로 수행할 수 있다. 위험 요소나 변수가 발생하면 자율주행 시스템이 운전자 개입을 요청할 수 있다.

4단계는 고도 자율주행으로, 주행에 필요한 거의 모든 조작을 자율주행 시스템이 시행하고, 운전자 개입은 악천후와 같은 상황을 제외하고는 불필요하다.

마지막 5단계에서는 운전자 개입 없이 모든 주행 조건에서 완전한 자율주행이 가능하다. 환경 조건, 도로 상태, 기상 조건 등 어떤 주행 조건에서도 자율주행이 가능해야 하기에 고도의 센서 기술, 인공지능 알고리즘, 실시간 데이터 처리 및 네트워크 기술 등이 연합해야 한다.

미국자동차공학회에서 제시한 자율주행 5단계

0단계 비자동화	1단계 운전자 보조	2단계 부분 자동화	3단계 조건부 자동화	4단계 고도 자동화	5단계 완전 자동화
운전자는 상황을 파악하고 운전함	운전자는 상황을 파악하고 운전함	운전자는 상황을 파악하고 운전함	운전자가 시스템의 요청시 운전함	운전자가 시스템에 개입하지 않음	
	시스템이 운전자의 가/감속 또는 좌향을 보조함 스마트, 크루즈 컨트롤, 차로 유지 보조 등	시스템이 운전자의 가/감속 또는 좌향을 보조함 고속도로 주행 보조, 원격 스마트 주차 보조 등	시스템이 상황을 파악하고 운전함 교통 혼잡시 저속 주행, 고속도로 주행, 자동 차로 변경 등	시스템이 정해진 도로와 조건하에 운전함	시스템이 모든 도로와 조건에서 운전함

꽤 많은 발전을 했지만, 현재 기술 수준은 2~3단계 사이에 머물러 있다. (출처 : 현대 트랜시스)

자율주행과 운전자

단계가 높아질수록 운전자가 개입하는 정도가 줄어든다.

01-05

자율주행 기술 개발의 역사

오래전부터 인간은 운전에서 자유롭기를 꿈꿔왔다

자율주행 기술 개발의 역사는 반세기가 넘었다. 1939년 뉴욕 박람회에서 미국 자동차 회사 GM은 퓨처라마(Futurama)라는 전시에서 자율주행 자동차의 개념을 소개했다. 미래 도시에서 적정한 거리를 유지하며 스스로 운전하는 자동차였다.

GM은 1958년 일정한 간격으로 전파를 송신하는 장치가 설치된 특별 자동차 전용도로에서 최초의 자율주행 차량을 선보였다. 전파 수신 장치와 연동해서 속도와 방향을 제어하는 자동차였다.

1979년 영국에서 시작된 '마이크로 마우스' 대회는 쥐 모양의 작은 로봇을 이용해 미로에서 최단 경로를 찾아내는 것이 목표였다. 레이저나 초음파 센서를 이용해서 주변 환경을 탐지하고, 이를 분석해서 적절한 판단을 내리며 움직이는 로직(logic)은 현대 자율주행 기술 알고리즘의 기본이 됐다.

자율주행 기술을 경쟁하던 실질적인 무대는 미국 국방부 연구개발국이 2004년부터 주최한 DARPA Grand Challenge였다. 경주용 자동차가 인공지능과 센서를 이용해 자율주행을 하며, 사막과 산악 지형에서 출발점과 도착점 사이를 최단 시간 내에 완주하는 것이 목표였다.

첫 대회인 2004년에는 출발점에서 도착점까지 단 한 대도 완주하지 못했지만, 2007년 대회에서는 스탠리(Stanley)라는 스탠퍼드대학의 차량이 60마일을 주행해 2백만 달러의 상금을 수상했다. 이후 스탠퍼드 팀 구성원 중 일부가 설립한 자율주행 스타트업이 구글에서 투자한 웨이모(Waymo)다. 현재는 자동차 회사, IT, 통신 회사 등에서 자율주행 연구를 활발히 수행하고 있다.

GM이 제시한 자율주행 자동차

1939년 뉴욕 박람회에 GM이 전시했던 퓨처라마. 미래 도시의 모습을 구현했고 여기서 처음으로 자율주행 자동차의 개념을 선보였다. (출처 : THE NEW YORK PUBLIC LIBRARY)

자율주행 전용 도로

1958년 네브래스카에 설치된 자율주행용 자동차 전용 도로 모형. 실제 시험은 성공했지만 모든 길에 설치할 수 없는 상황이었다. (출처 : velocetoday.com)

01-06

기본이 되는 ADAS 기능

안전과 운전 편의성을 위한 다양한 기능들이 적용되고 있다

일반적으로 자율주행 레벨 2라고 불리는 운전자 보조 시스템 ADAS(Advanced Driver Assistance System)는 몇 년 전만 해도 고급 차량에만 적용했지만, 지금은 대부분 차량에 필수다. ADAS 기능은 위험 상황이 발생하면 충돌을 회피해 탑승자의 상해를 최소화하는 장치에서 시작했다. 급브레이크를 밟으면 브레이크 잠김을 방지해서 제동 거리를 줄이는 ABS(Anti-lock Brake System)와 눈길에 미끄러졌을 때도 적절히 토크를 배분해서 자동차 자세를 제어하는 ESC(Electric Stability Control) 등은 이제 모든 차량에 기본으로 들어가는 기능이다.

미국 IIHS(고속도로안전보험협회)의 발표에 따르면 차량 카메라와 레이더로 전방 장애물 사이의 거리를 측정하고, 충돌 전에 멈출 수 있도록 해주는 AEBS(Automatic Emergency Brake System)를 적용하면 사고율이 41%나 줄어든다고 한다.

ADAS는 안전성뿐만 아니라, 운전 편의성도 대폭 높여준다. HDA(Highway Driving Assist) 시스템은 정속 주행이 대부분인 고속도로에서 운전자가 설정한 차속과 앞차와의 거리에 맞춰서 차속을 스스로 조절하며 지정 차로의 중앙을 달리도록 해준다. 이 덕분에 장거리 운전의 피로도가 줄어든다.

이 외에도 차로 이탈을 방지하고 유지하도록 핸들링을 도와주는 LKAS(Lane Keeping Assist System), 내비게이션과 연동해서 차속을 제어하는 SCC(Smart Cruise Control), 복잡한 주차장에서 자동으로 주차하는 Auto Parking System 덕분에 많은 부분을 자동차 스스로 하는 시대가 됐다. 아직은 조작 책임이 운전자에게 있어 계속 핸들을 잡고 전방을 주시해야 하지만, 예전보다 덜 신경 써도 주행이 더 안전해졌다.

안전 주행을 위한 ADAS

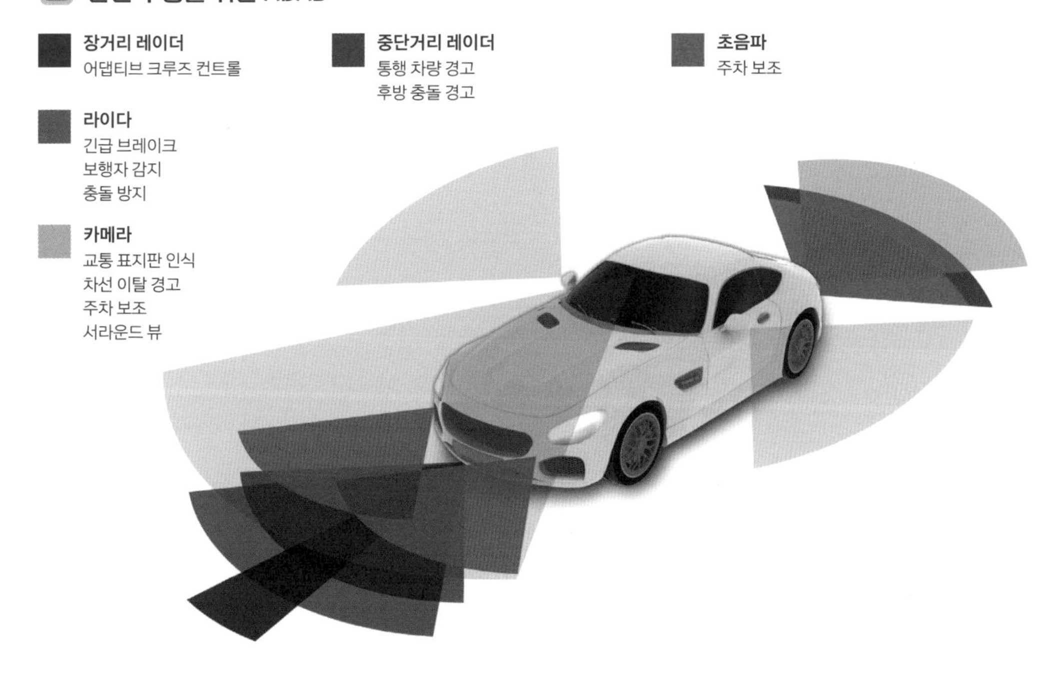

현재 시판되는 차량에 적용된 ADAS 기능 (참고 : 코트라 2021 북미자동차시장 자료)

계기판에 보이는 HDA 시스템 작동 모습

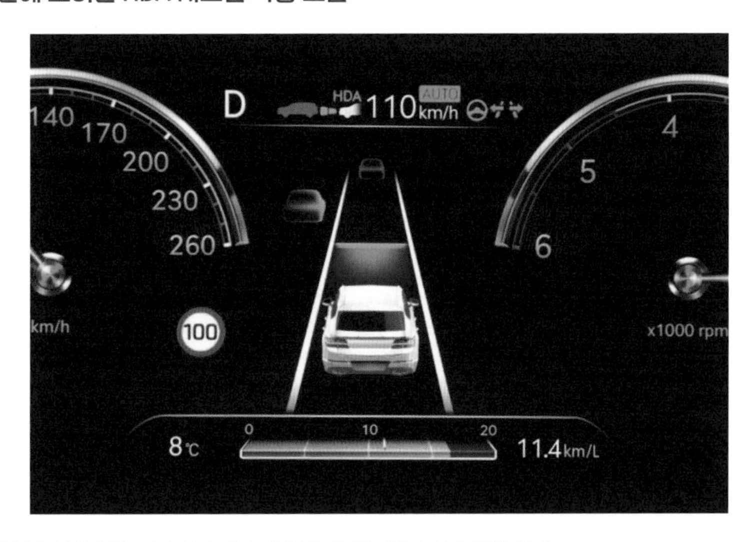

현대 HDA 시스템이 작동하는 모습이다. 차속과 차간거리를 자동으로 조절해 준다.

01-07

AEBS, 안전을 위한 최후의 보루

운전자 실수를 보완하고 안전을 지킨다

충돌로 인한 피해를 최소화하려면 속도를 줄여야 한다. AEBS는 액셀 페달을 밟고 있더라도 위험이 감지되면 엔진 출력을 제한하고, 강제로 브레이크를 작동시키는 시스템이다.

초창기에는 주로 레이더(Radar)를 이용해 전방 장애물을 감지하고, 운전자에게 브레이크를 밟아 속도를 줄이라는 경고 메시지를 보내는 형태였다. 기술이 발전하면서 다양한 센서로 전방위에서 주변 상황을 인식하고, 그에 맞는 브레이크 작동을 자동차 스스로 하는 시스템으로 발전했다. 급정거한 앞차를 미리 감지하고 멈추는 것뿐만 아니라, 측면에서 오는 차량이나 보행자를 감지하고 미리 속도를 줄여 사고를 막는다.

국제자동차연맹에서 만든 '신차 안전 등급 시스템'인 NCAP(New car Assessment Program) 등급이 차량의 평판과 판매에 직접적인 영향을 주면서, AEBS가 NCAP 최고 등급을 받기 위한 기본 기능이 되고 있다. AEBS 없이는 갑작스러운 충돌에 탑승자를 보호하는 데 한계가 있기 때문이다.

최근에는 급정거로 속도를 줄여도 전방 충돌을 피할 수 없다면, 핸들을 조작해서 비어 있는 곳으로 회피하는 기능이 추가됐다. 차선을 변경할 때 사각지대에서 다가오는 차량과 충돌 가능성이 있다면 핸들을 강제로 제어해서 안전한 원래 차로로 돌아간다.

낮은 속도 구간에서 페달 조작 미숙으로 액셀 페달을 비정상적으로 밟는 상황이 발생하면 AEBS가 작동해 출력을 제한하고 급발진 경고를 보낸다. 참고로 일본에서는 75세 이상이면서 교통 법규 위반 경력이 있는 운전자는 실차 시험을 다시 보고, 결과에 따라 AEBS 시스템이 장착된 차량만 운전할 수 있는 '한정 면허' 제도를 도입했다.

AEBS의 작동과 효과

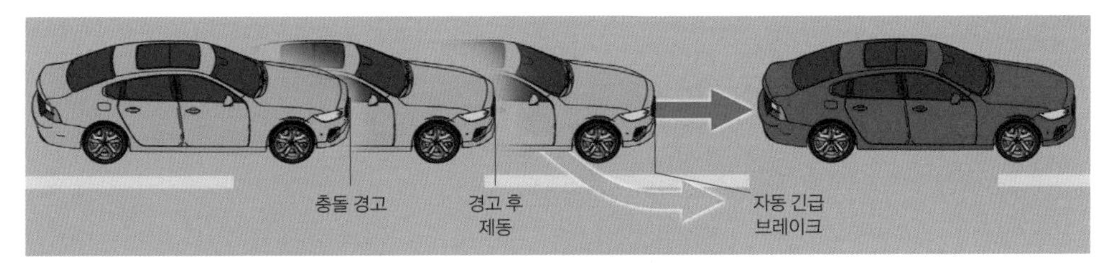

미리 사고 위험을 예측하고 자동으로 브레이크를 작동한다. (참고 : 벤츠 홈페이지)

안전 등급의 보증서

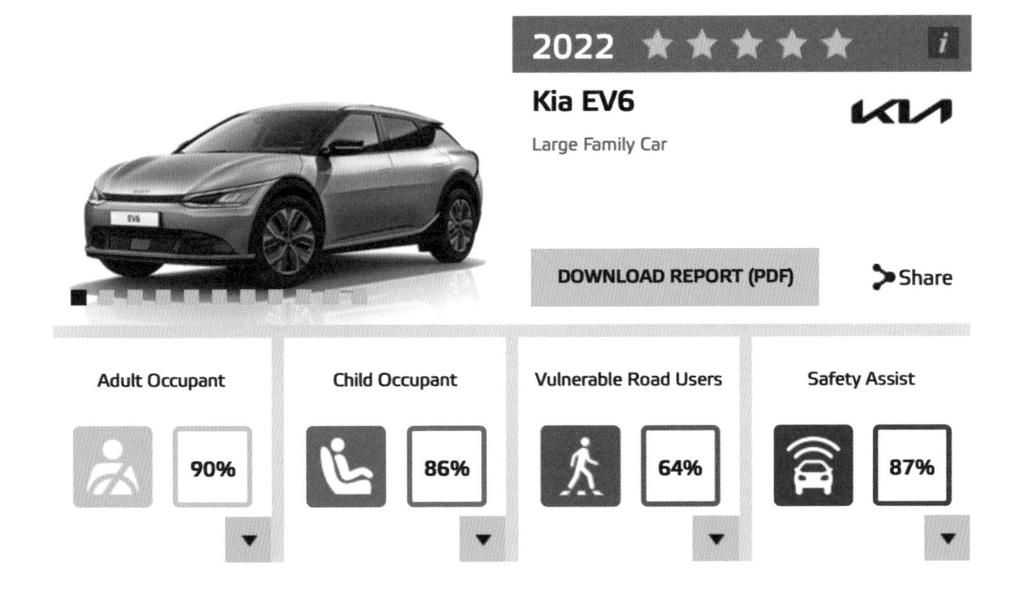

KIA EV6의 NCAP 등급. 별 5개를 받으려면 AEBS가 필수다. (출처 : NCAP 홈페이지)

01-08

SCC, 알아서 조절되는 속도

속도를 조절해 교통 상황에 맞게 주행을 돕는다

과거의 크루즈 컨트롤은 운전자가 원하는 속도를 설정하면 거기에만 맞춰 속도를 유지하다가 전방에 차가 나타나면 충돌을 피하기 위해 브레이크를 밟아야 했다. 일단 브레이크를 밟으면 크루즈 컨트롤이 해제됐다. 다시 자동 제어를 하려면 버튼을 눌러 기능을 활성화한다. 미국처럼 오래 운전을 해도 앞서 달리는 차를 만나기 힘든 운전 환경이라면 유용하지만, 한국처럼 교통량이 많은 곳에서는 불편한 점이 많았다.

최근에는 기술이 발전하면서 속도를 조절해 줄 뿐 아니라 앞차와의 거리까지 자동으로 조절해 주는 스마트 크루즈 컨트롤(SCC)이 대세다. 일정한 속도로 주행하다 내 차보다 느린 앞차가 나타나면 자동으로 차의 속도를 줄이고, 앞차가 사라지면 자동으로 다시 원래 설정된 속도로 복귀하기 때문에 운전자 개입이 그만큼 줄었다.

크루즈 기능이 해제되는 최저 속도도 초창기 60kph에서 점점 줄어들어 이제는 정체 시 멈추었다 출발하는 기능도 구현된다. 가다 서기를 반복하는 교통 정체 상황에서도 적절한 간격을 유지하면서 자동으로 주행하기 때문에 운전 피로도를 크게 줄일 수 있다.

고속도로에서 속도는 차간거리뿐 아니라 도로 요건과 교통 상황에 따라 달라진다. 정밀 내비게이션과 연동한 크루즈 컨트롤 시스템은 실시간 교통 상황과 도로 구간별 안전 속도에 따라 자동 제어하는 차량 속도 목표치를 스스로 변동한다. 정체 구간에 진입하면 차속을 미리 감속하고, 곡선 주로나 감속이 필요한 구간에서는 해당 도로에서 허용하는 속도까지 감속해서 안전한 주행이 되도록 스스로 조절하니 갑작스러운 단속 카메라도 미리 알아서 회피할 수 있다.

도로상에서 구현된 ACC 기능

항속 제어

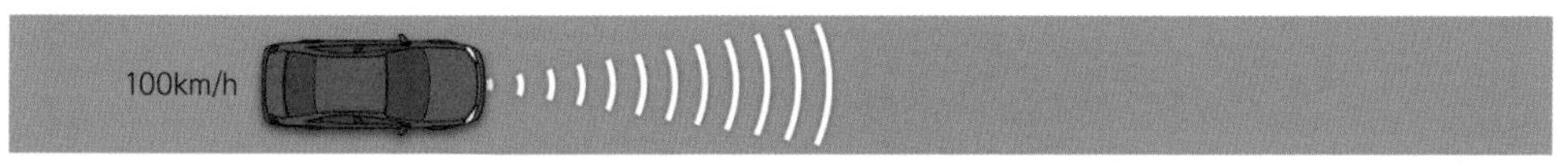

감속 제어

가속 제어

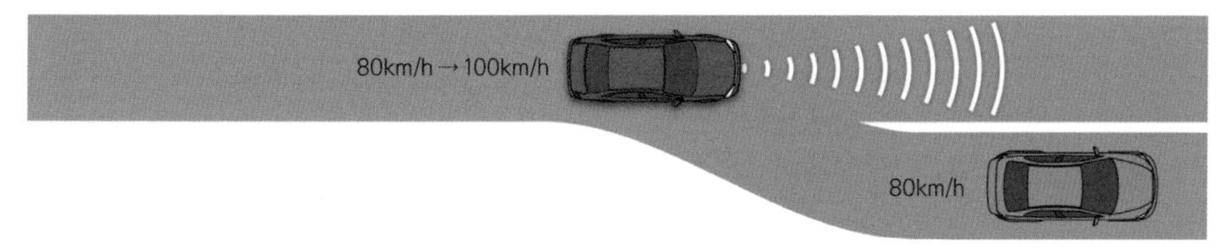

SCC와 유사한 ACC(Adaptive Cruise Control)는 항속 제어, 감속 제어, 가속 제어의 기능이 있다. (참고 : 스즈키 홈페이지)

현대자동차의 Highway Drive Assist 시스템

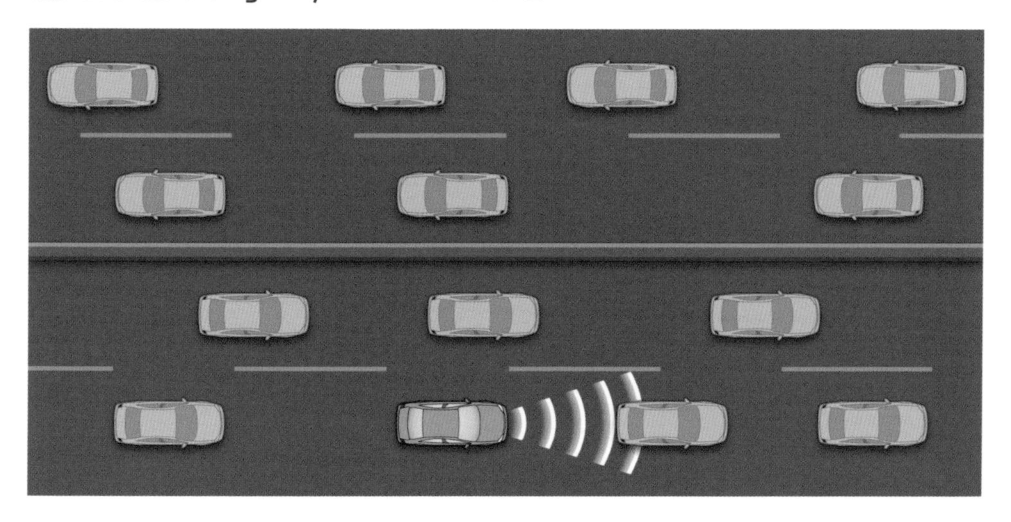

이 시스템은 정차 후 출발도 자동으로 가능하다. (참고 : 현대자동차 홈페이지)

01-09

LFA, 차로 유지 보조 기능

자동차가 차선을 알아서 따라가다

운전에는 액셀을 밟아 앞으로 나가거나 위험을 감지해서 브레이크를 밟는 것과 같은 속도 제어 동작도 있지만, 핸들을 조작해서 자동차를 원하는 방향으로 이동하는 행위도 있다. 자동차의 진행 방향은 목적지로 향하는 경로와 연관되기 때문에 조금 더 복잡한 과정이다. 하지만 고속도로와 같은 자동차 전용 도로에서 지금 달리고 있는 차로를 그대로 유지하는 일은 이미 많이 자동화가 됐다.

LKA(Lane Keeping Assist)라고 불리는 차로 이탈 방지 보조 시스템은 정해진 차로를 벗어나려는 상황에서 핸들을 강제 제어해 충돌을 막아준다. LKA가 작동하면 차가 방향 지시등을 켜지 않고 옆 차로로 넘어가려는 순간에 핸들이 쉽게 돌아가지 않고 강하게 저항하는 듯한 느낌을 준다. 차로 이탈을 방지하고 원래 차로로 돌아가게 하는 것이다. 운전 편의보다는 사고 예방에 목적이 있다.

자율주행에 더 가까운 기능은 LFA(Lane Following Assist)라고 불리는 차로 유지 보조 기능이다. 차선을 넘어가느냐에 초점을 맞춰서 제어하는 LKA와 달리 LFA는 최소한의 핸들 조작으로 차가 차로 중앙을 유지하도록 도와준다. 차선이 없어지더라도 앞서 가는 차의 진로 방향을 추정해서 따라가도록 설정돼 있다. 이 덕분에 도로 조건과 관계없이 차선 유지를 할 수 있다.

LKA나 LFA 모두, 속도가 너무 낮거나 커브 구간에 접어들면 안전을 확보하려고 자동으로 기능이 정지되고, 운전자가 직접 핸들을 조작하도록 유도한다. 그리고 갑작스러운 장애물 발견과 같은 급박한 상황이 닥치면 운전자가 능동적으로 대처할 수 있도록 차가 스스로 핸들을 제어하는 힘의 크기를 제한한다.

자동으로 차선을 유지하는 기능

자동차의 전방 카메라가 차선을 인식한다. (참고 : 현대자동차 홈페이지)

LFA 기능이 작동 중인 차량의 계기판

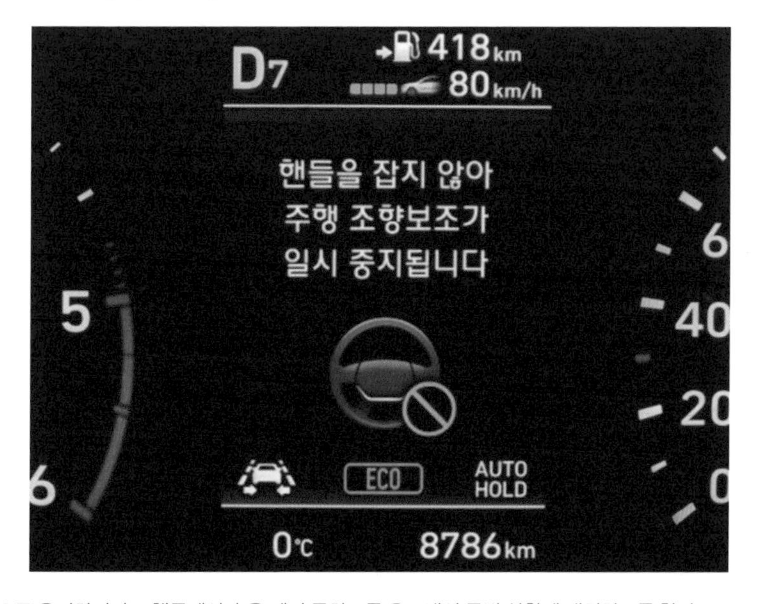

차선을 자동으로 유지하더라도 핸들에서 손을 떼지 못하도록 유도해서 돌발 상황에 대처하도록 한다.

01-10

Parking Assistance System, 자동 주차 기능

가장 어려운 주차를 자동차가 알아서 해준다

초보 운전자에게 주차는 매우 어렵다. 좁은 공간에서 앞뒤로 움직여 차를 원하는 방향으로 돌리고 안전하게 주차하려면 차량 주변의 공간을 인지하고 상황에 맞게 핸들을 조작해야 한다. 이에 비해 최신 자동차는 카메라와 센서로 더 많은 공간 정보를 확보할 수 있다. 이 같은 장점 덕분에 번거로운 주차를 자동으로 해주는 Auto Parking System이 보편화되고 있다.

초창기 주차 보조 장치는 주차에 필요한 핸들 조작, 변속기 조작, 전진 후진 같은 정보를 목소리로 운전자에게 알려주는 형태였다. 주차장 주변에서 주차 보조 기능을 활성화하면, 핸들을 어느 방향으로 얼마나 돌려야 하는지, 뒤로 얼마나 가야 하는지와 같은 조작 절차를 자동차가 계산해서 알려주고, 실제 조작은 운전자가 했다.

ADAS 기능이 발전하고 핸들과 출력 제어가 자동화되면서, 이제 이 모든 동작을 자동차가 스스로 한다. 일단 속도가 낮은 상태에서 자동 주차 버튼을 눌러 기능을 활성화하면, 차는 주변 상황을 카메라로 인식하면서 주차할 공간을 찾아 스크린에 표시한다. 그렇게 찾은 공간 중에서 운전자가 원하는 장소를 선택하면, 자동차가 스스로 평행 주차든 후면 주차든 원하는 공간에 원하는 방향으로 주차를 진행한다.

주차 공간이 협소해서 주차 후에 운전자가 내리기 어려울 때도 있다. 이런 경우에는 먼저 차에서 내린 이후에 리모컨 키로 조작하거나, 예약된 자동 주차를 실시하는 원격 주차 기능을 이용한다. 앞으로 자율주행 기능이 더 발전하면, 자동으로 주차장을 찾아가서 발레파킹을 하거나, 미리 지정한 주차 장소에 알아서 주차하는 기술도 보편화될 전망이다.

오토 파킹 시스템의 작동 모습

자동 주차는 주변 환경을 정확히 인지하고 차체를 제어해야 한다.

현대 아이오닉 5의 자동 주차 시연

국내에서도 자동 주차 기능이 점차 기본으로 탑재되고 있다. (출처 : 유튜브 crospotter13 채널)

01-11

자율주행 시스템의 구성

사람처럼 보고 판단하고 조작하는 장치들이 필요하다

자율주행 시스템은 사람 대신 스스로 주행하기 위해 세 가지 요소로 구성된다. 먼저 사람의 눈처럼 주변 상황과 주행 환경 정보를 수집하는 각종 센서가 있다. 영상을 인지하는 카메라, 적외선이나 레이저를 이용해서 주변 사물들의 거리와 속도를 측정하는 레이더와 라이다 등이 차량의 전후방에 장착된다.

이렇게 수집된 정보를 바탕으로 사물을 인식하고, 어떻게 움직일지 예측해서 어느 정도로 조작할지 결정하는 인공지능 컨트롤러도 필요하다. 마치 사람의 뇌와 같은 역할을 맡은 시스템이다. 카메라로 찍힌 화상을 처리하고 많은 데이터로 학습하면, 어떤 도로에서 차가 어디로 움직이고 주변이 어떤 상황인지를 판단할 수 있다. 그리고 컨트롤러는 특정 주행 상황에서 안전하게 목적지까지 도착하기 위해서 혹은 갑작스러운 돌발 상황에 대처하기 위해서 어떤 조작을 해야 하는지도 빠르고 정확하게 결정한다. 마지막으로 컨트롤러가 결정한 조작을 시행하는 액추에이터가 필요하다. 요즘은 페달 신호도 모두 전자식으로 제어되기 때문에 물리적으로 페달을 밟을 필요가 없다. 운전자가 조작할 때와 동일한 신호값을 제어 로직에서 설정하면 된다. 다만 핸들 제어와 같이 직접 물리적 조작이 필요한 장치에는 별도의 전동 모터를 설치해서 사람이 해야 하는 조작을 대신한다.

완전 자율주행이 되기 전까지는 운전자가 직접 하는 주행과 차량 스스로가 하는 주행 모두에서 가능하도록 설계해야 한다. 서로 다른 모드 사이에 이질감이 없도록 하면서도 조금씩 운전자를 자연스럽게 대신할 수 있도록 하는 것이 자율주행 보편화에 중요한 숙제다.

자율주행 자동차의 외부 인식 주요 장치

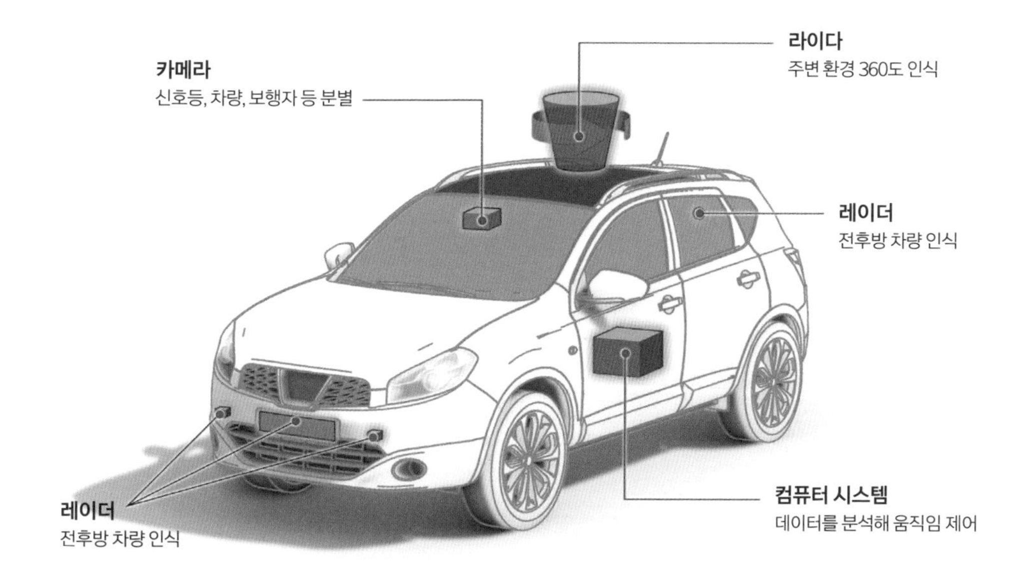

외부 상황과 환경을 파악하고 판단하려면 많은 센서와 컴퓨팅 자원이 필요하다. (참고 : 현대자동차 홈페이지)

자율주행 시스템의 구성 요소

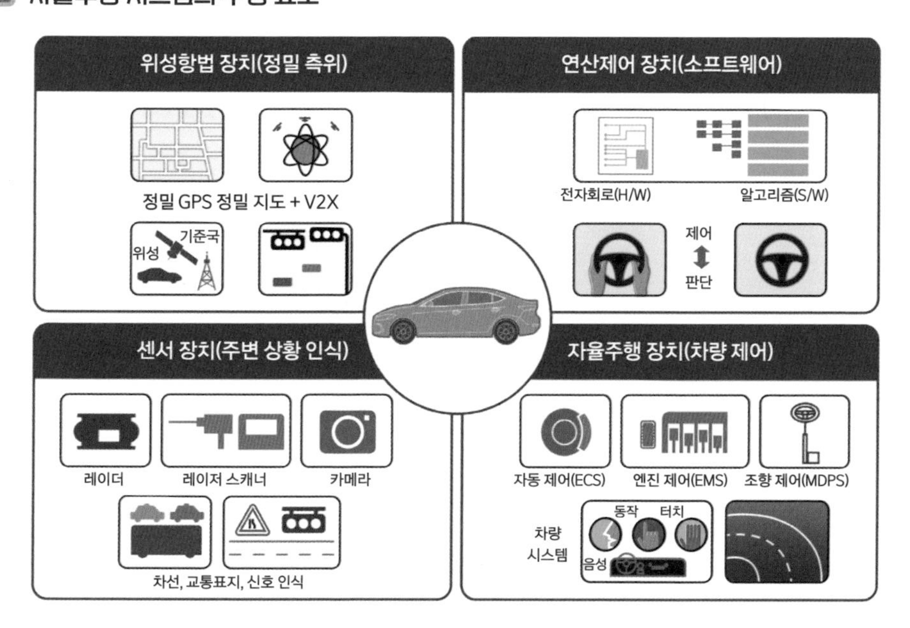

사람처럼 듣고 인지하고 생각해서 움직이는 장치들로 이뤄져 있다. (참고 : KAMA 웹진 자료)

01-12

사람처럼 인지하고 판단하고 조작하는 자동차

회사마다 각자의 장점을 살리고 약점을 보완하고 있다

4단계 이상의 자율주행을 실현하려면 센싱, 인지-판단, 조작이라는 세 구성 요소가 균형 있게 발전할 필요가 있다. 그중 조작 부문은 로봇 제어 기술이 발달하면서 수준이 상당하다. 전선으로 연결된 각종 액추에이터들이 고전적인 PID 제어를 기반으로 한 다양한 제어 로직으로 원하는 동작을 신속하고 정확하게 구현한다.

이에 반해 센싱과 인지-판단 쪽은 아직도 풀어야 할 숙제가 많다. 센서마다 측정하는 방식이 다르고, 인식할 수 있는 범위와 신호의 신뢰도도 차이가 난다. 우리는 눈으로 보는 시각 정보들이 불완전하기 때문에 이를 보완하려고 AI보다 몇 배나 강력하고 효율적인 뇌를 이용해 각종 추측과 판단을 하면서 운전한다. 인간처럼 작은 눈(센서)을 큰 뇌(인공지능)로 보완할 것인지, 아니면 상대적으로 기능이 부족한 뇌를 큰 눈으로 보완할 것인지는 자율주행을 개발하는 각 주체마다 다르게 선택하고 있다.

카메라로 인식한 정보를 일일이 분석하고 판단해서 거리와 진행 방향들을 인지하고 예측하는 방식이 있고, 라이다나 레이더 같은 복합 센서에서 나오는 신호를 기반으로 바로 측정하는 방식도 있다. 주행 데이터가 풍부한 테슬라는 학습을 통한 사물 인지와 운전 패턴 적응에 집중하는 반면, 네트워크와 지도 정보에 강점이 있는 구글의 웨이모는 HD MAP과 자율주행 AI 알고리즘 개발에 더 초점을 맞추고 있다. 각자 자신들의 강점은 살리고, 약점은 보완하는 전략이다.

정답은 없다. 결국 완전 자율주행이라는 목적지에 이르는 길에는 센싱, 인지-판단, 조작이라는 세 요소의 조화로운 발전이 필요하다. 앞으로 우리는 각 요소에 대해 자세히 살펴볼 것이다.

사람과 차의 인지 판단 조작 비교

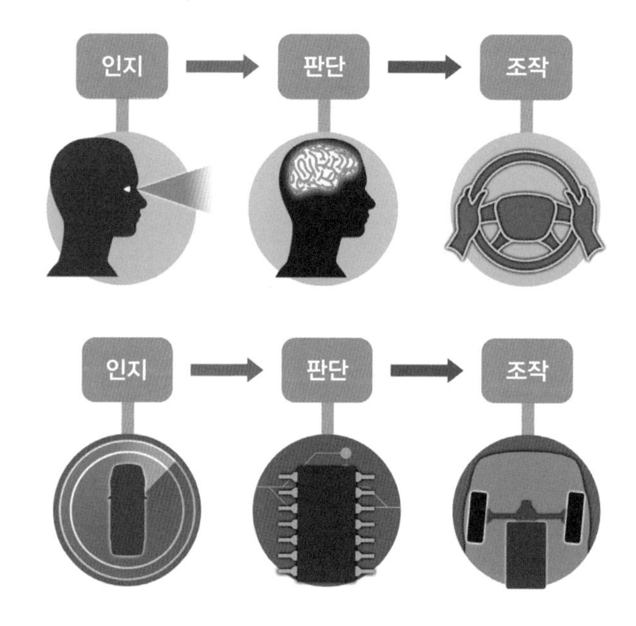

결국 자율주행은 사람의 인지 과정과 행동을 자동차가 대신하는 것이다. (참고 : 첨단 프리미엄 잡지)

센서와 컨트롤러의 관계

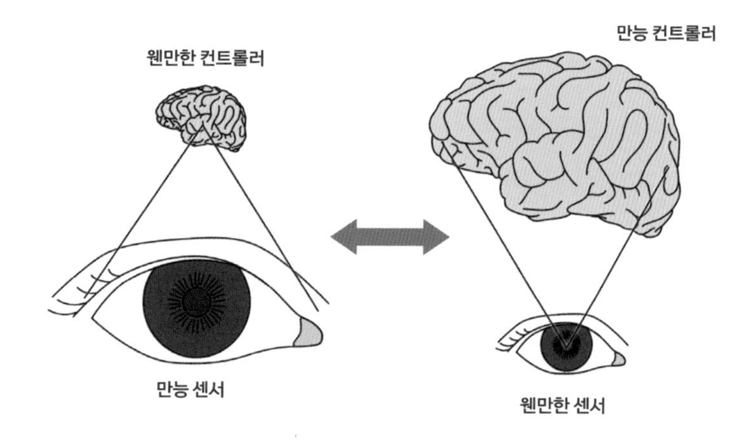

센서와 컨트롤러, 둘 중 어디에 중점을 둘지는 각 회사의 기술력이 어느 쪽에 더 경쟁력이 있는지에 달렸다.

01-13

서로가 필요한 자율주행과 전기차

자율주행이 실현되려면 전기차로 변신해야 한다

기후 위기를 극복할 대안으로 전기차가 주목받고 있는데, 이는 자율주행 자동차 개발에 호재다. 내연기관의 가장 큰 어려움은 유해 배기가스 규제다. 화석연료를 태우는 연소 과정에서 발생하는 유해 배기가스를 제어하려면 연소에 필요한 공기를 빨아들이고, 적절한 양의 연료를 투입하고 잘 섞어서, 최적의 타이밍에 연소하는 복잡한 과정을 거쳐야 한다.

유해가스를 잘 통제하고 원하는 출력을 내는 일은 복잡할 뿐만 아니라, 공기를 빨아들이고 연소하는 일련의 과정들을 진행하는 데 시간이 오래 걸린다. 컨트롤러가 요청하는 출력을 내는 과정에서 지연이 있을 수밖에 없다. 이는 자율주행 자동차에 큰 걸림돌이다. 출력을 내는 데 필요한 시간만큼 지연되는 과정에서 정밀한 제어를 하기가 어렵기 때문이다. 이에 비해 전기로 작동하는 모터는 배기가스나 공기를 빨아들이는 물리적인 과정이 없어서 빠르게 원하는 출력을 낼 수 있다. rpm 제한이 없어서 변속이 필요 없는 것도 큰 장점이다.

자율주행을 실현하는 데 필요한 여러 센서나 컨트롤러가 작동하는 환경이 전기를 기반으로 한다는 점도 중요하다. 내연기관 차량이 자율주행 시스템을 운용하는 데 드는 전력을 생성하려면 큰 얼터네이터와 보조 배터리가 필요하지만, 전기차는 DC - DC 컨버터(Convertor)면 충분하고 효율도 좋다.

미대륙을 횡단하는 큰 상용 트럭들을 전동화하려면 배터리가 많이 든다. 그렇지만 장거리 자율주행이 실현되면 산업계가 달라질 수 있기에 수소 연료전지로 전동화하려는 시도가 계속되고 있다. 그만큼 전동화와 자동화는 미래 자동차 기술의 큰 흐름이며 동시에 서로에게 필요한 기술들이다.

자동차를 움직이는 모터와 엔진

모터와 엔진은 차를 움직이는 동력을 만든다는 점에서 역할이 같다. 다만 모터를 제어하기가 훨씬 간단하다.

자율주행에 유리한 전동화

아우디의 자율주행 시스템. 자율주행에 필요한 장비를 운용하려면 상당한 전기가 필요하다. (출처 : furuno.com)

Column

자율주행과 테슬라

멀게만 느껴졌던 자율주행 기술이 우리 삶에 가깝게 다가온 데에는 테슬라의 공이 크다. FSD(Full Self Driving)라는 구독 옵션을 모든 차종에 제공하자, 소비자들이 자율주행 기능을 좀 더 친숙하게 여기게 됐다.

다른 자동차 제조사들이 안전상의 문제나 사고 발생 시 책임 문제 때문에 부담스러워하는 사이에 테슬라는 다른 행보를 보였다. 먼저 너무 비싸고 외관상으로도 보기 좋지 않은 라이다 센서를 배제하고, 카메라 영상과 레이더로 수집한 정보로 자율주행 기능을 시작한 것이다. 기술적으로 모두 완성이 된 이후에야 시장에 상품을 출시하는 관행에서도 벗어나 개발 진행 중인 기능을 과감하게 고객에게 적절한 제한 조건과 함께 제공했다.

테슬라가 이처럼 과감한 행보를 할 수 있었던 것은 판매 차량이 전부 전기차이며, 기본적으로 네트워크에 연결된 덕분이다. 자동차 운행 정보를 확보할 수 있기에, 평소 주행에서 발생하는 엄청난 양의 데이터를 학습에 활용하고 있다. 테슬라 FSD 기능의 완성도는 해마다 높아지고 있으며, 또한 각 고객의 주행 패턴에 맞출 수 있어 만족도도 높은 편이다.

소비자는 사소한 문제가 있어도 곧 업데이트로 해결될 것이라고 믿으며 더 적극적으로 자율주행 기능을 활용하고 있다. 학습을 거쳐 업그레이드된 기능을 쉽게 OTA로 네트워크상에서 다운로드할 수 있어서다. 사고가 발생하더라도 아직 4단계 이상의 자율주행을 굳이 구현할 필요가 없기에 문제가 발생할 당시의 자세한 차량 정보를 이용해 회사의 법적 책임을 최소화할 수 있다. 테슬라는 자동화를 달성하는 데 있어 전동화만큼이나 Connectivity도 중요하다는 사실을 시장에서 증명하고 있다.

PART 2

스스로 가고 멈추고 도는 자율주행 차량의 기본

02-01

자율주행에도 승차감이 중요한 이유

자동차는 기본 원리에 충실해야 한다

자율주행이라고 해서 그저 목적지까지 안전하게 이동하는 것만 기대해선 안 된다. 탑승자가 스스로 운전할 때보다 도로 교통 상황에 덜 신경 쓰기 때문에 숙련된 운전 그 이상의 승차감이 필요하다. 자율주행 기술이 확대되려면 자동차가 움직이는 기본에 더 충실해야 한다.

승차감은 자동차의 모든 움직임을 제어하는 것과 연관이 있다. 앞뒤로 움직이는 전후 방향 움직임은 엔진과 브레이크를 이용해 제어한다. 좌우로 움직이는 회전은 스티어링 휠 조작으로 이뤄지고, 차속과 진행 방향의 변화 또는 도로의 노면 상태에 따라 상하로 움직이고 옆으로 구르는 롤링도 일어날 수 있다.

이런 모든 움직임이 탑승한 사람의 예상 범위를 넘어서면 승차감이 나쁘다고 느낀다. 승차감이 좋으려면 서스펜션과 차체를 받치는 파트와의 궁합이 중요하다. 서스펜션이 너무 무르면 부드럽지만, 차가 울렁거리고 자세 제어가 안된다. 반대로 너무 딱딱하면 노면으로부터 전달된 진동이 그대로 느껴진다.

안전과 편안한 운전 두 가지를 다 잡아야 하는 자율주행 자동차는 일단 정확한 움직임 제어에 초점을 맞춘다. 서스펜션 설정을 조금 딱딱하게 해서 차의 움직임이 제어 장치가 목표하는 대로 구현되도록 하고, 브레이크/엔진/스티어링의 조작을 숙련된 운전자처럼 최대한 부드럽게 제어한다. 자동차의 움직임을 파악해서 동시에 여러 장치들을 조율해야 하는 자율주행 차량에서 정밀 제어가 중요한 이유도 여기에 있다.

자동차가 움직이는 세 축

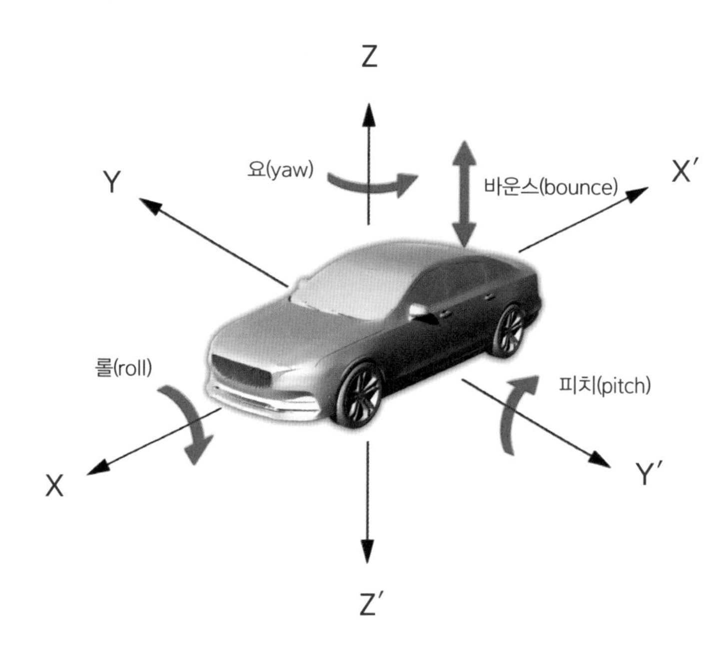

자동차는 앞뒤로 움직이는 동작 이외에도 XYZ축을 중심으로 회전하는 롤링/피칭/요잉이 섞여서 움직인다. 이들 간의 조화가 안정된 승차감을 이끌어낸다. (참고 : 한국산업인력공단 자료)

운전자가 요청하는 토크와 실제 토크

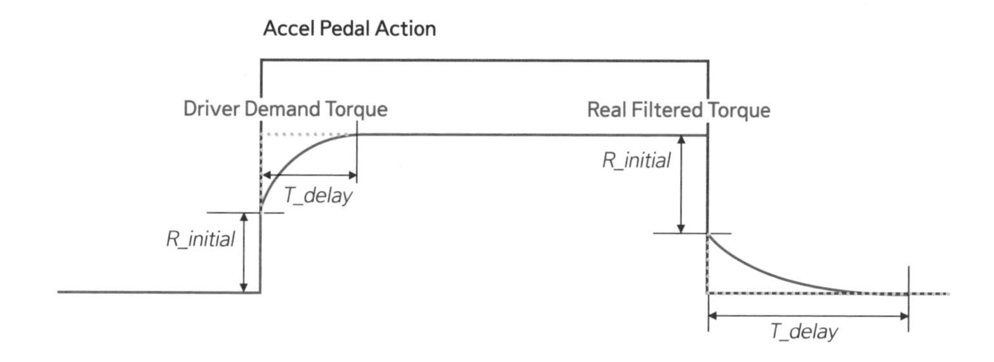

운전자가 없는 자율주행 자동차는 알아서 부드러운 토크를 실현할 수 있다.

02-02

타이어를 이용해 노면을 박차고 움직이는 자동차

원하는 대로 차를 제어하려면 먼저 접지력을 유지해야 한다

자동차는 타이어 4개로 노면에 접해 있다. 미끄러운 눈길에서 액셀 페달을 밟아도 차가 앞으로 가지 않거나 브레이크를 밟아도 멈추지 않는 경험을 겪은 적이 있을 것이다. 앞으로 나가고 방향을 전환하고 멈추는 모든 동작은 타이어와 노면 사이의 마찰력과 반발력 사이에서 이뤄진다.

엔진(모터)에서 나오는 구동력과 브레이크에서 오는 제동력은 타이어와 노면 사이에서 타이어가 놓여 있는 방향으로 전달되지만, 마찰력은 차의 진행 방향에 맞춰 작용한다. 일렬로 직진할 때는 진행 방향으로만 힘이 작용하지만, 핸들을 돌리면 바퀴 방향이 틀어지면서 타이어에 횡력이 발생하고, 이 힘으로 자동차는 회전한다.

어느 방향이든 힘이 제대로 전달되려면, 타이어와 노면은 구름 상태를 유지해야 한다. 급브레이크 또는 급가속을 하거나 핸들을 급하게 돌리면, 톱니처럼 맞물려 돌아가던 타이어와 노면이 서로 미끄러지면서 둘 사이에 작용하던 마찰력도 급격히 줄어든다. 이런 상황에서는 자율주행에서 원하는 완전한 자세 제어를 할 수 없다.

ESC(Electronic Stability Control)라 불리는 ADAS 기능은 바퀴에 달린 차속 센서에서 나오는 값의 차이를 계산해서 바퀴와 노면이 미끄러지는 슬립이 있다고 판단되면, 엔진 출력을 낮추고 잠긴 브레이크를 풀면서 네 바퀴에 걸리는 동력 배분을 조정하는 정밀 제어를 시행한다. 이 같은 제어를 이용해 위기 상황에서도 차의 자세를 제어할 수 있다.

안전을 지키는 최선은 접지력을 유지하는 것이다. 노련한 운전자가 노면 상태에 따라서 액셀과 핸들과 브레이크를 부드럽게 컨트롤하듯이, 자율주행 차량도 부드러운 제어를 통해 미끄럼을 최소화한다.

타이어와 노면 사이에 작용하는 힘들

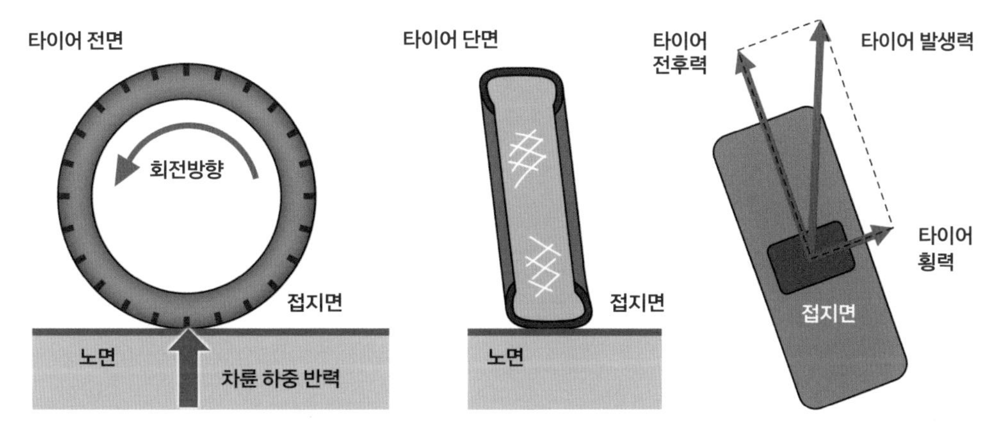

타이어의 접점에서 일어나는 작용 · 반작용을 묘사했다. 접지면에서 일어나는 타이어 발생력으로 자동차는 움직인다.

자동차 제어와 ESC

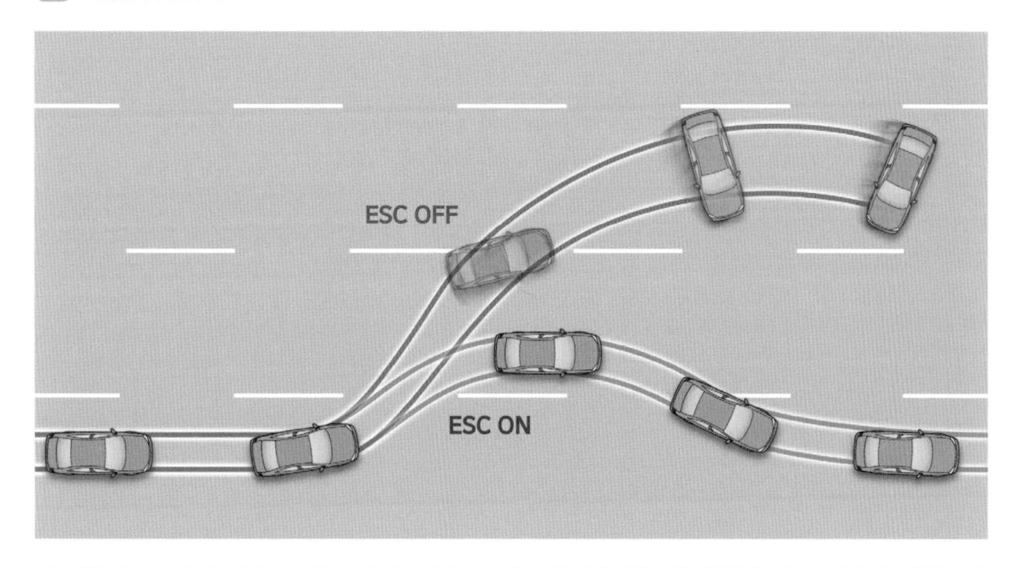

대표적인 ADAS 기능인 ESC는 브레이크가 잠겨서 미끄러지는 상황을 방지하고 접지력을 유지한다. 이를 이용해 차가 자세를 제어할 수 있도록 도와준다.

02-03

ON-OFF 제어/PID 제어

목표를 추종하는 가장 기본적인 제어 방식이다

규정 속도가 80kph인 도로를 달린다면 80kph 이하에서는 액셀을 밟았다가 속도를 넘으면 발을 떼는 것이 기본이다. 이렇게 목표를 두고, 출력을 켜고 끄는 동작을 반복하는 방식이 ON - OFF 제어다.

ON - OFF 제어는 기준치를 정하고 스위치 조작만 한다. 단순하고 저렴하지만, 목표에 수렴하지 못하는 단점이 있다. 엔진과 자동차 모두 관성이 있어 출력을 켜도 바로 속도가 올라가지 않고, 출력을 끈다고 해도 바로 감속하지 않는다. 자동차가 울렁거리면서 승차감도 나쁠 수밖에 없다.

그래서 정교한 조절에 PID 제어가 주로 이용된다. ON - OFF 제어와 달리 PID 제어는 오차가 클 때와 안정화 단계, 외부 입력에 의해 안정이 깨지는 경우 등 모든 상황에 비례(Proportional), 적분(Integral), 미분(Differential)의 세 가지 요소로 대응한다.

기본적으로 목표치와 현재값이 차이가 많이 나면 그만큼 비례(P)해서 출력을 키워 빠르게 쫓아간다. 시속 100kph를 달성하기 위해 일단 액셀 페달을 많이 밟았다가 속도가 올라갈수록 점점 덜 밟는 것과 같다.

다만 오차에 비례하도록 출력값을 정하면 목표 주변에서는 변화폭이 급격히 줄어든다. 목표에 도달하지 못하고 포화(saturation)하는 기간이 늘어나면, 그 기간을 적분(I)해서 출력값을 보정하는 PI 제어가 작동해 목표에 부드럽게 도달한다.

마지막으로 갑작스러운 변화에 대응하려면 현재값의 미분(D)값을 모니터링하다가 반대 방향으로 카운트 출력을 내는 로직도 필요하다. PID 제어는 각 상황에 맞게 빠르게 목표치를 따라가거나(P), 부드럽게 연착륙하고(I), 급격한 변화에도 빠르게 복귀하는(D) 등 서로를 보완한다.

가장 기본인 ON-OFF 제어

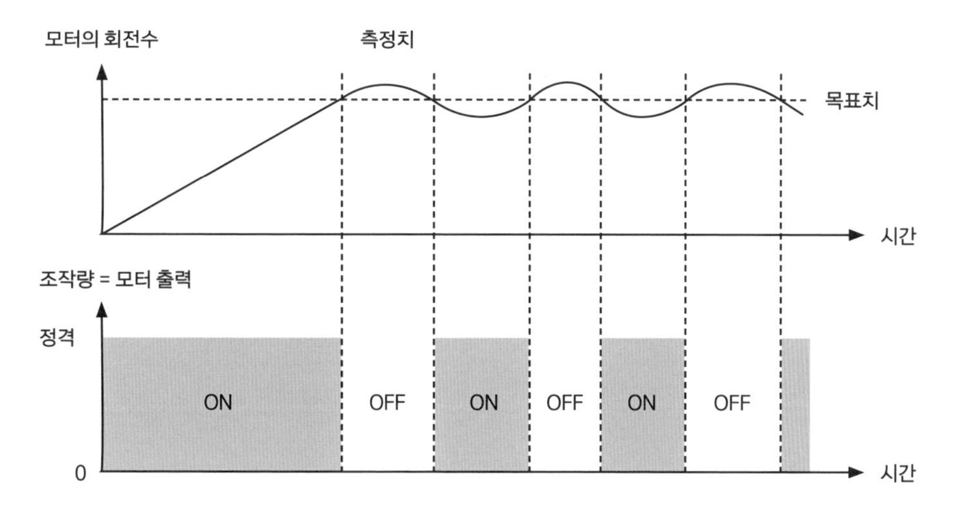

목표치를 기준으로 넘으면 끄고, 낮아지면 켠다. 승차감이 울렁거릴 수밖에 없다.

PID 제어의 원리

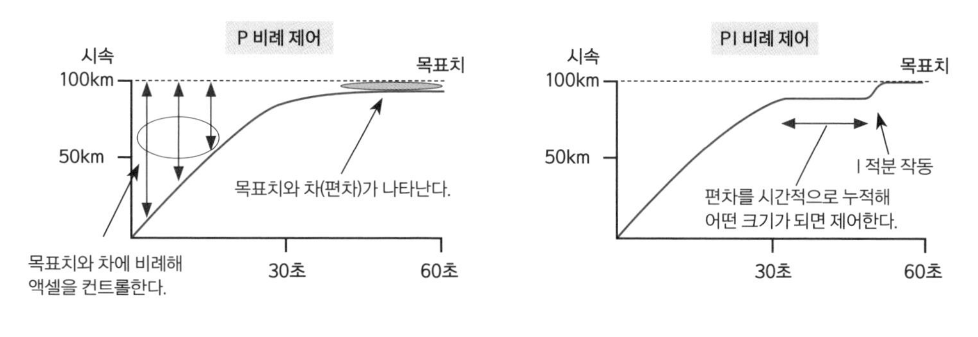

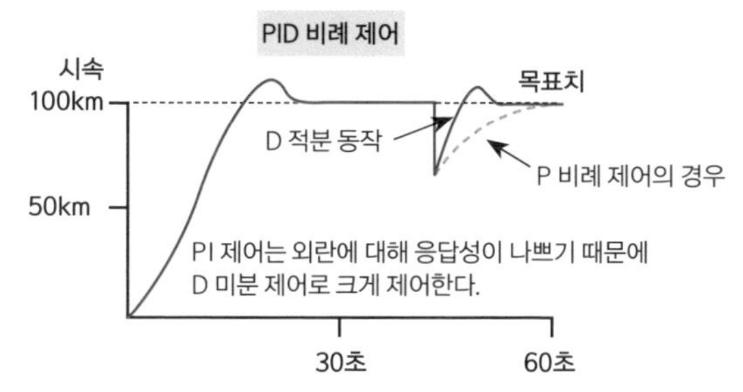

일단 목표를 빠르게 쫓아가다가(P), 목표치 근방에서는 부드럽게 추종하고(I), 갑작스러운 변화가 오면 빠르게 대응한다.(D) 차속, rpm, 온도 같은 일정한 목표치를 따라가야 하는 대부분의 로직에 널리 사용된다.

02-04

정밀한 PWM 제어/PFM 제어

ON-OFF만으로 원하는 출력을 얻는다

곡선 주로에서 부드러운 회전을 하려고 필요한 만큼 핸들을 꺾어야 한다고 가정해 보자. 핸들에 달린 모터가 원하는 만큼만 돌아서 일정한 각도를 유지하도록 액추에이터를 작동시키려면 필요한 만큼 전기에너지를 줘야 한다.

그러나 모터는 우리 팔처럼 10도 돌려주라고 요청하면 해당 동작을 그냥 하지 못한다. 5V를 주면 90도 돌고, 1V를 주면 18도 도는 모터는 세상에 없다. 그저 5V를 주면 + 방향으로 돌아가다가 전압을 끊으면 다시 - 방향으로 회귀하는 형태의 단순한 모터만 있을 뿐이다.

이렇듯 ON - OFF 형태로 단순하게 작동하는 액추에이터들을 정밀하게 제어하려면 신호의 강약이 아니라, ON - OFF를 반복하면서 원하는 출력을 ON 상태와 OFF 상태의 평균적인 시간비로 제어하는 방식을 이용한다. 100%일 때 계속 ON이라면 50%일 때 반은 ON, 반은 OFF로 조작해 평균적으로는 절반에 해당하는 출력을 제어할 수 있다.

일반적으로는 ON - OFF 주기를 고정하고, 신호 폭을 조절하는 PWM(Pulse Width Modulation) 제어를 주로 이용한다. PWM 제어는 신호 주기가 일정해서 노이즈 제어가 용이한 반면, 작은 출력에도 주기를 유지하므로 에너지 손실은 높은 편이다. 이를 보완하려고 정밀한 제어에서는 반대로 ON이 되는 폭을 그대로 유지하고 주기를 조절하는 PFM(Pulse Frequency Modulation) 제어 방식도 많이 쓴다.

PWM과 PFM 제어의 원리

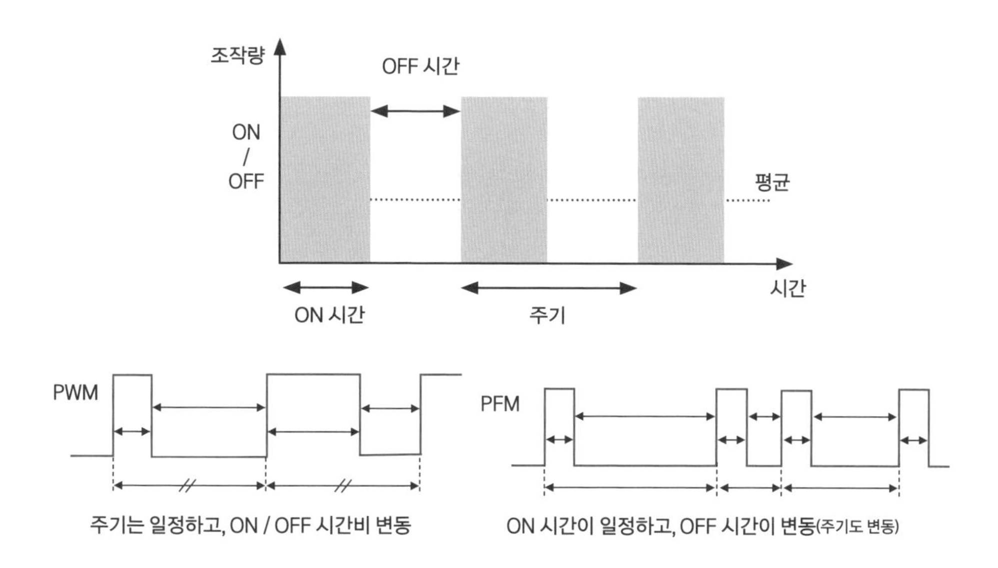

어떤 방식을 이용할지는 각 제어 방식의 특성을 잘 고려해서 결정한다. (참고 : techweb.rohm.co.kr/product/power-ic/dcdc/dcdc-evaluation/897)

테슬라의 오토파일럿 작동 모습

오토파일럿 기능으로 자동 주차할 수 있다. 핸들이 꺾이는 각도를 정밀하게 제어해야 한다. (출처 : TechCrunch.com)

02-05

피드백 제어와 모델 기반 복합 제어

현실과 이상을 비교하면서 답을 찾아 나아간다

실제 물리 현상을 수학적으로 표현한 것을 모델링이라고 한다. 모델링이 완벽하다면, 방정식을 풀어 도출한 입력값을 넣어 제어를 원하는 대로 할 수 있다. 시스템의 특징이 확실하고 외부 영향을 받지 않으면, 원웨이로 진행되는 오픈 루프 시스템으로 충분히 통제할 수 있다.

그러나 현실은 공식으로 단순하게 설명되지 않으며, 외부로부터 간섭이 늘 오기 마련이다. 빠르게 원하는 목표에 도달하려면, 전 단계에서 의도한 입력값의 변화가 원하는 방향으로 실제로 구현됐는지를 확인하고 반영하는 피드백 제어가 필요하다.

피드백 제어가 제대로 이뤄지려면 먼저 입력값과 출력값으로 구성된 시스템을 잘 정의해야 한다. 그리고 원하는 목표를 달성했는지를 확인할 수 있는 명확한 상태 변수를 정한다. 센서로 측정 가능한 물리량을 모니터링할 수 있다면, 목표 대비 실측치의 차이를 반영해서 빠르게 대응할 수 있다.

피드백 제어에 필요한 값을 직접적으로 측정하지 못할 때는 모델링 예측을 할 수밖에 없는데, 이 과정에서 수학 모델이 다시 필요하다. 고속도로에서 크루즈 컨트롤로 차속을 제어한다고 가정해 보자. 차속은 센서로 측정할 수 있지만, 주행하는 도로의 경사는 측정이 쉽지 않다. 이때 제어 장치가 미리 학습한 정보를 활용해 이를 보완한다. 예를 들어 일정한 차속과 기어 단수에서 얼마간의 엔진 출력을 냈을 때 자동차 가속도가 평지에서 어느 정도 되는지를 미리 학습한다. 같은 출력에도 가속이 느리다면 오르막으로, 빠르다면 내리막으로 판단해서 출력 보정을 미리 반영한다. 이론과 현실을 함께 비교해 보며 답을 찾아가는 과정인 셈이다.

힘과 속도의 관계를 정리한 수식

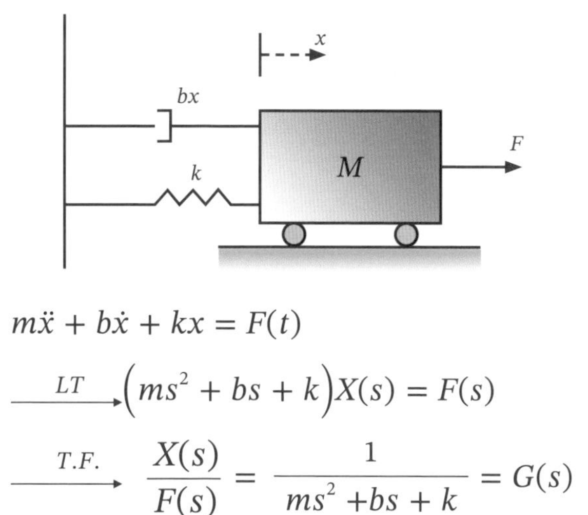

타이어와 서스펜션 위에서 움직이는 자동차를 가장 간단하게 모사한 기본 모델. 물리 시간에 배웠을 법한 복잡한 수식이 일단은 기본이다.

오픈 루프 시스템과 피드백 제어 시스템의 기본 개요

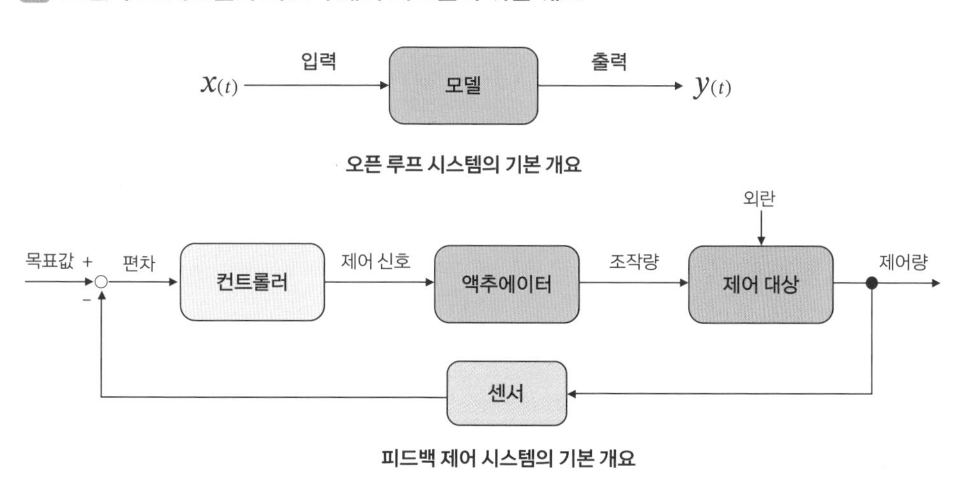

오픈 루프 시스템의 기본 개요

피드백 제어 시스템의 기본 개요

시스템 특징이 확실하고 외부 영향이 없다면 오픈 루프 시스템으로 충분하지만, 현실은 대부분 그렇지 못하다.

복잡한 상황을 제어하는 데 쓰는 상태 공간 방정식

자동차에 일어나는 상황은 언제나 복잡하다

앞서 소개한 PID 제어는 로직이 간단하면서도 목표를 따라가는 성능이 뛰어나기 때문에 각종 자동차용 액추에이터 제어에 많이 활용되고 있다. 그러나 모터의 출력과 차의 속력같이 입력과 출력이 일대일로 대응되는 관계에서만 유용하기 때문에 복잡한 상황을 제어하는 데는 한계도 분명하다.

예를 들어 차가 눈길에 미끄러졌을 때 빠르게 자세를 제어하려면, 차체가 움직이는 속도와 각 바퀴의 회전 속도를 비교해 어느 바퀴의 타이어가 노면에서 그립감을 잃어서 제어가 어려운지를 파악해야 한다. 카메라나 레이더로 앞차와의 간격을 파악해서 브레이킹이 필요하면 ESP를 작동시키고, 모터에서 나오는 출력이 상황에 맞게 배분되도록 동시에 통제해야 한다.

이런 복잡한 상황을 통제하려면, 각각의 변수들을 서로 연결해야 한다. 현대적 제어 방식에는 여러 입력값을 조합해서 내부 상태를 특정한 상태 변수로 표현하는 방법을 주로 이용한다. 상태 변수는 물리적으로 측정할 수 있는 값이 아니어도 상관없다. 허구의 값이라도 변수들의 관계만 명확히 할 수 있다면 충분하다.

전체 시스템의 거동을 표현하는 데에 n개의 상태 변수가 필요하다면, n개의 변수를 조합해 n차원의 공간처럼 다룰 수 있다. 이를 '상태 공간'이라고 하는데, 각 시점에서 한 상태는 상태 공간에서 한 점으로 표시한다. 이렇게 구성된 복합 상태 공간에서 변수들의 관계들을 수식으로 정의하면, 그 변화량을 미적분으로 분석하고 모니터링하면서 통제할 수 있다. PID보다 훨씬 복잡하지만, 그만큼 복잡한 상황에 대응할 수 있다.

상태 공간을 구성하는 기본 구조

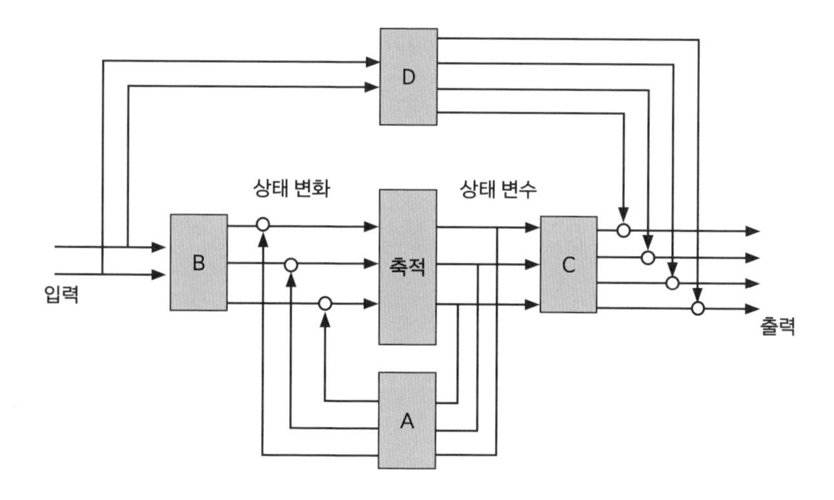

다양한 변수들에 따른 상태 변화를 관찰하고, 이를 대표하는 상태 변수로 표시하는 과정을 보여준다.

상태 공간 방정식의 예

$$G(s) = \frac{n_1 s^3 + n_2 s^2 + n_3 s + n_4}{s^4 + d_1 s^3 + d_2 s^2 + d_3 s + d_4}$$

$$\dot{X}(t) = \begin{bmatrix} -d_1 & -d_2 & -d_3 & -d_4 \\ 1 & 0 & 0 & 0 \\ 0 & 1 & 0 & 0 \\ 0 & 0 & 1 & 0 \end{bmatrix} X(t) + \begin{bmatrix} 1 \\ 0 \\ 0 \\ 0 \end{bmatrix} u(t)$$

$$y(t) = \begin{bmatrix} n_1 \, n_2 \, n_3 \, n_4 \end{bmatrix} X(t)$$

여러 변수를 시간에 대한 함수로 나타내고, 이를 한데 모아서 $y(t)$로 나타낸다. (참고 : 위키피디아 자료)

02-07

사람의 애매한 판단을 수치화한 퍼지 제어

점점 더 인공지능에 가까워진다

더운 여름에 에어컨을 작동해서 실내 온도를 낮추려고 하는 상황을 가정해 보자. 고전적인 제어 방식이라면 목표 온도를 정해서 섭씨 24도 이하가 되면 시원하다고 가정하고, 냉방 강도를 조절하면서 목표를 달성하려고 한다. 문제는 온도가 24.1도가 돼도 사람은 상당히 시원하다고 느낄 수 있다는 점이다. 냉방을 하는 목적이 쾌적한 환경을 제공하는 것이라면 전기료를 포함한 여러 요소를 고려해 시원하다고 느끼는 주관적인 판단에 더 상세한 설정이 필요하다.

퍼지(fuzzy) 제어는 이런 주관적 판단을 수치화해서 제어에 반영한다. 24도일 때의 시원함을 1이라고 하면, 26도일 때는 0.5, 28도 이상이면 0. 이런 식으로 설정하면 세밀한 제어가 가능하다. 즉 실내 온도가 너무 높으면 강하게 틀었다가 온도가 낮아질수록 조금씩 출력을 줄인다.

자동차가 커브 길에 접어들었을 때 어느 정도 속도를 낮춰야 하는지도 주관적 판단과 연관이 있다. 너무 빠르면 위험하다고 느끼고, 너무 느리면 답답하다. 스티어링 휠을 많이 돌려야 하는 급회전 구간에서 안전하게 주행하려면 속도를 많이 줄여야 하겠지만, 회전 반경이 크다면 달리는 흐름을 이어가고 싶을 것이다. 이런 요소와 관련해 적절한 정도를 수치화한 후에 이를 모은 합집합의 중심을 찾는다. 그리고 최적의 감속 목표를 찾아 출력을 제한하거나 브레이킹을 작동한다.

퍼지라는 용어를 처음 우리에게 알려주었던 퍼지 세탁기도 세탁수의 오염도를 측정해서 그 정도에 따라 세탁 시간을 알아서 조절했다. 이런 세분화한 판단 수치에 데이터를 활용한 피드백이 이어지면 상황에 맞는 정밀 제어가 가능하다.

커브 길에 들어서는 자동차의 속도를 제어하는 퍼지 로직 단계

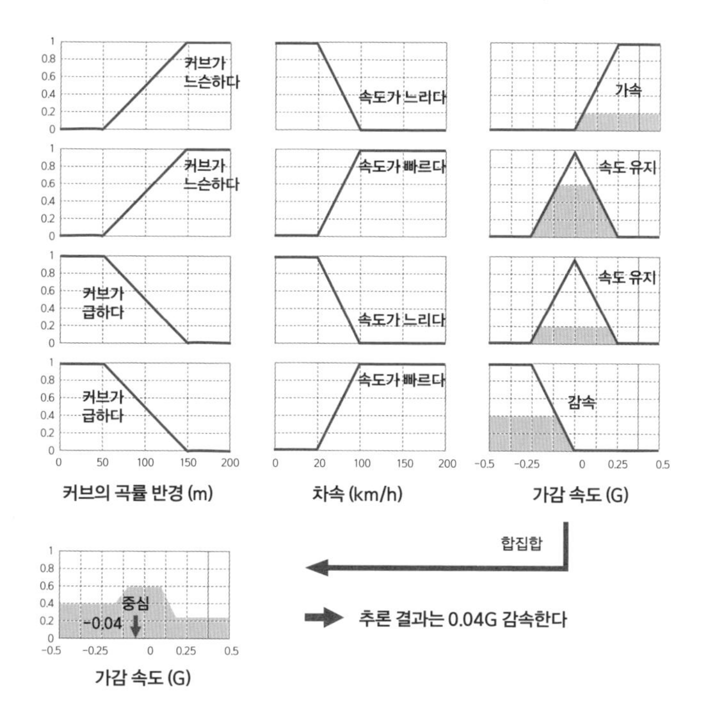

커브 곡률에 따라서 느끼는 최적 속도를 결정하는 데도 주관적인 판단을 수치화하는 작업이 필요하다.

퍼지 세탁기에 적용된 IF-THEN 퍼지 제어 로직

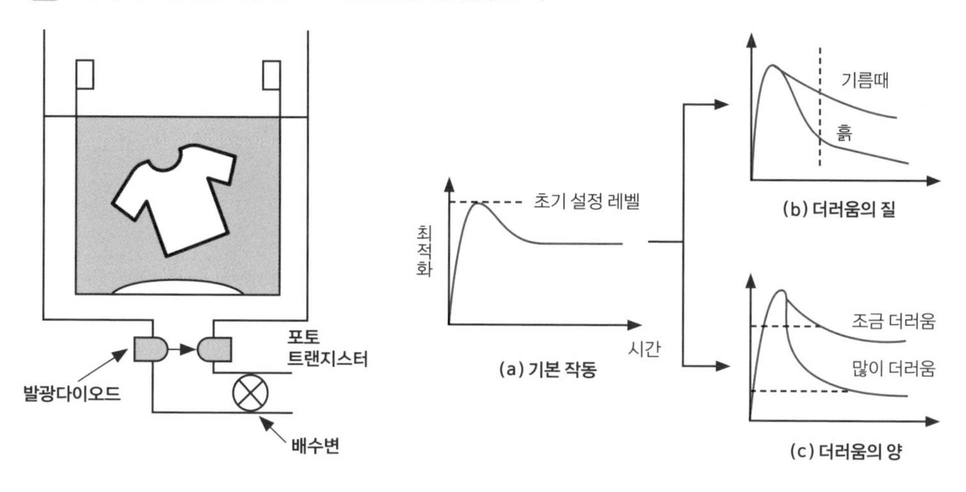

1990년대에 처음 등장한 퍼지 세탁기는 이 로직을 이용해 오염 정도에 따라 세탁 시간을 결정한다.

02-08

인공지능 신경망 제어

모델링하기 어려운 상황도 추정한다

퍼지를 포함한 기존 제어 방식이 물리 상황을 수리적으로 모델링하고 그 오차를 제어에 반영해서 조절한다면, 인공지능을 이용한 신경망 제어는 기계 스스로 규칙을 만들고 발전시키기 때문에 규칙이나 모델을 설계할 필요가 없다. 마치 사람 뇌의 뉴런이 자극을 받으면 이웃 뉴런에 전달하듯이, 인공지능망이 입력된 신호와 출력값의 비선형적인 관계를 학습 과정을 통해 추정한다.

인공신경망은 입력층과 은닉층, 출력층으로 구성된다. 입력층은 외부 데이터를 받아들이는 곳으로, 우리가 인공지능에게 정보를 주는 첫 번째 단계에 해당한다. 은닉층은 실제 처리 과정이 일어나는 곳으로, 여러 층으로 이뤄져 있어서 복잡한 정보를 분석하고 학습하는 역할을 한다. (필요에 따라 여러 층을 쌓을 수 있다.) 은닉층에는 많은 노드(인공 뉴런이라 불리는 소프트웨어 기반의 처리 단위)가 있고, 이들은 서로의 정보를 가중치라는 숫자를 이용해 전달한다. 가중치가 높으면 노드 사이의 연결이 강하고, 낮으면 약하다는 뜻이다. 가중치는 학습 과정을 거쳐 조정되는데 인공지능이 데이터에서 중요한 패턴을 더 잘 인식하게 한다. 출력층은 이 모든 과정을 거쳐 가공된 결과를 우리에게 보여주는 부분이다.

인공지능망 학습은 최적의 가중치 조합을 찾아가는 과정이다. 가중치는 처음에는 랜덤한 값으로 설정되지만 출력된 값과 1차 예상한 값의 차이, 즉 오차를 네트워크에 역방향으로 전파해서 그 오차를 줄이는 방향으로 가중치를 조정한다. 잘 훈련된 인공신경망을 이용하면 마치 사격에서 오차를 보정한 오조준으로 과녁 중앙을 맞히는 것처럼 우리가 기대하는 값을 출력할 수 있다.

뉴런의 작동 방식에서 영감을 받다

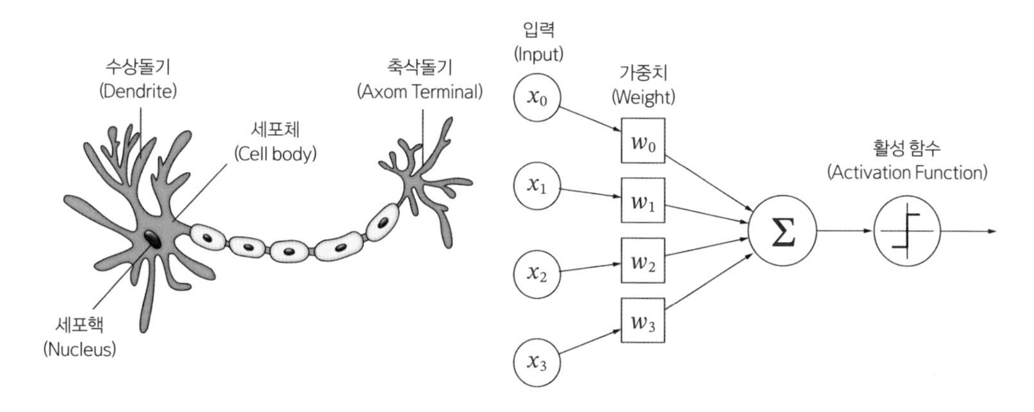

인공지능 모델은 우리 뇌 신경이 오감으로 받은 신호를 서로 주고받으면서 영향을 확인하는 과정에서 힌트를 얻었다. (출처 : heung-bae-lee.github.io/2019/12/06/deep_learning_01)

인공지능 모델의 입력층, 은닉층, 출력층

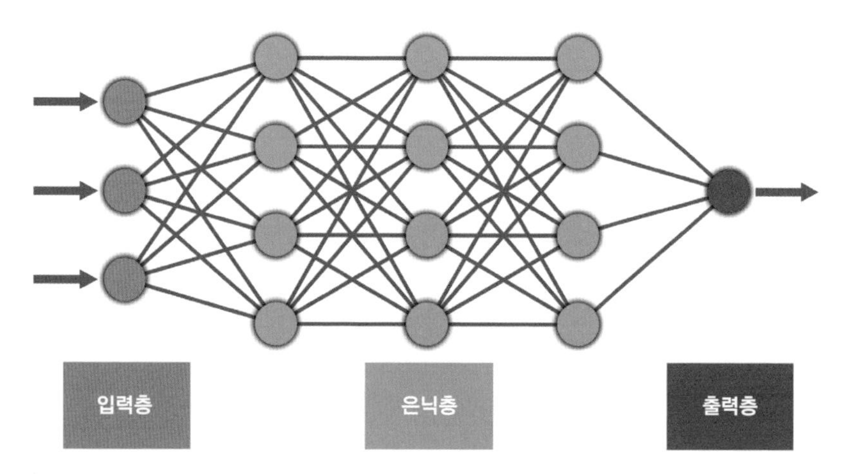

은닉층은 여러 겹이어도 된다. 다만 같은 층의 노드는 서로 연결하지 않는다. (출처 : towardsai.net/p/machine-learning/building-intuition-on-the-concepts-behind-llms-like-chatgpt-part-1-neural-networks-transformers-pretraining-and-fine-tuning)

02-09

달리기 제어에 더 적합한 전기모터

빠른 응답성과 간편한 조작으로 자율주행에 더 적합하다

운전자가 언덕을 오르거나 추월하려고 액셀 페달을 밟듯이, 자율주행 시스템이 제어 로직을 이용해 원하는 속도에 이르려면, 이동에 필요한 동력이 제때 정확하게 차체에 전달돼야 한다. 그러나 기존 내연기관 차량이 빠른 응답성을 보여주기에는 전기차에 비해 불리한 면이 세 가지 있다.

첫째, 공기를 빨아들이고 연소로 에너지를 만드는 엔진은 낮은 rpm에서는 공기를 흡입하는 관성이 부족해서 높은 토크를 내지 못한다. 전기차 모터가 바로 높은 토크를 내고 추진력을 확보하는 것과는 달리 최고 토크를 내는 구간이 정해져 있다.

둘째, 엔진은 rpm을 무작정 올릴 수 없기에 도중에 변속기에서 단수를 바꿔 차속과 엔진 속도의 비를 조절해야 한다. 변속 구간 중에는 출력이 일시적으로 제한되기 때문에 연속적인 차량 움직임 제어에 방해가 된다. 엔진의 일반적인 회전 범위는 1,000~4,000rpm인데 반해 모터는 18,000rpm까지 토크 생성이 가능해 변속이 필요 없다.

마지막으로, 엔진에서는 연소 때문에 나오는 배기가스도 고려해야 하므로 갑작스러운 상태 변화가 어렵다. 후처리 촉매의 상태를 모니터링하고, 공연비에 맞춰 분사 연료량을 제한하다 보니, 원하는 출력을 제때 내는 것이 모터에 비해 불리하다.

자율주행 기능이 테슬라를 비롯한 최신 전기차에 가장 빠르게 적용되는 배경에는 모터가 내연기관보다 주행 기능을 수월하게 제어한다는 측면이 있다. 자율주행 시스템을 운용하는 전원의 공급 편의성까지 고려하면, 앞으로도 완전 자율주행 구현은 전기차 위주로 진행될 것이다.

내연기관과 전기모터의 비교

특징	내연기관	전기모터
구동 원리	연료의 연소를 이용해 운동에너지를 발생시켜 구동	전기에너지를 이용해 운동에너지를 발생시켜 구동
연료	휘발유, 경유, LPG, CNG 등	전기에너지
배출가스	CO_2, NOx, HC 등	전기에너지 사용 시 배출가스 없음
소음	엔진의 폭발음 발생	전기모터의 소음은 엔진에 비해 매우 작음
진동	엔진의 폭발음과 진동 발생	전기모터는 진동이 거의 없음
효율	20~30%	80~90% 이상
출력	엔진의 크기에 따라 달라짐	전기모터의 크기에 따라 달라짐
토크	엔진의 회전수에 따라 달라짐	전기모터는 저속에서부터 높은 토크를 낼 수 있음
유지보수	엔진오일 교체, 점화플러그 교체, 엔진 밸브 조절 등 필요	전기모터는 별다른 유지보수가 필요 없음
가격	내연기관 자동차가 전기자동차에 비해 저렴함	전기자동차가 내연기관 자동차에 비해 비쌈
충전 시간	탱크 용량에 따라 달라짐	1~2시간 정도 소요됨
주행거리	탱크 용량에 따라 달라짐	200~500km 이상 주행 가능

모터는 구조가 단순하고 부품 수가 적으며, 유지 보수도 간편하다.

내연기관(좌)과 전기모터(우)의 토크 및 출력 커브 비교

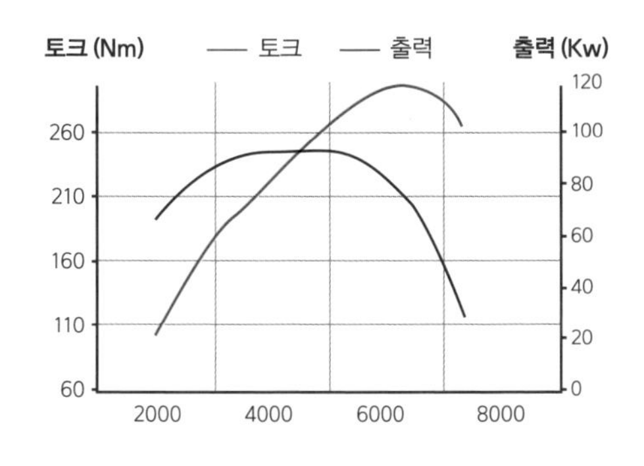

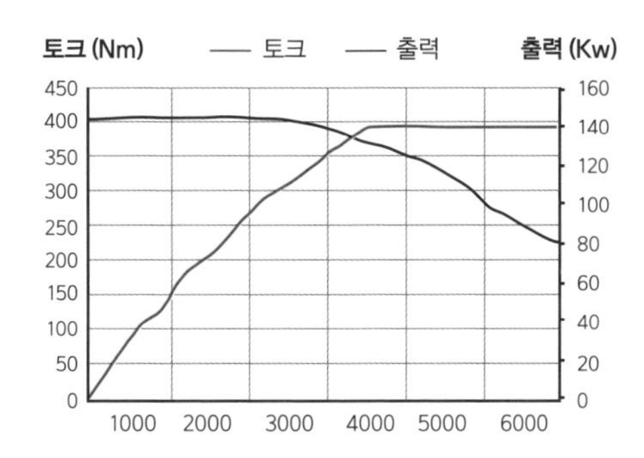

전기모터는 낮은 rpm에서도 최대 토크를 낼 수 있다. (출처 : Geotab 자료)

02-10

안전하게 멈추기 위한 브레이크 제어

달리는 것보다 잘 멈추는 일이 훨씬 중요하다

잘 달리는 것보다 잘 멈추는 것이 안전에 더 중요하다. 충돌을 회피하고 교통 흐름의 변화에 대응하려면 가속 페달에서 발을 떼고, 브레이크 페달을 밟아 적절한 제동력으로 차속을 줄여야 한다.

움직이는 차를 멈추는 방법은 주로 바퀴에 달린 브레이크 패드의 마찰력을 이용한 기계적인 방식뿐이었다. 그러나 하이브리드나 전기차로 전동화되면서 회생제동 방식을 활용할 수 있게 됐다. 바퀴가 도는 힘으로 모터를 발전기처럼 활용해서 운동에너지를 전기에너지로 전환하는 방식이다.

회생제동을 이용하면, 배터리를 충전해서 더 많은 주행거리를 확보하는 장점이 있다. 따라서 일상 주행에서 최대한 활용하도록 설계한다. 운전자가 브레이크를 밟을 때 기대하는 제동력을 일으키는 데 일단 회생제동을 최대한 활용하고, 모자라는 부분을 기계식 브레이크로 채우는 자동 분배 제어 시스템이 구현돼 있다. 이를 잘 실현하려면 모터를 이용해 유압 제동을 하는 전자식 브레이크 제어기(EBS, Electric Brake System)와 하이브리드 시스템 제어 장치(HCU, Hybrid Control Unit)가 긴밀하게 움직여야 한다.

이런 시스템을 활용한 스마트 회생제동 시스템은 타력 주행 시, 도로 경사 및 전방 차량 주행 상황에 따라 자동으로 회생제동 단계를 스스로 제어한다. 이러면 불필요한 브레이크 및 가속 페달 작동을 최소화해 연비(전비)를 개선할 수 있고, 운전자도 덜 피곤하다. 충돌을 방지하려고 급브레이크를 밟을 때, 기계식 브레이크와 회생제동을 둘 다 활용해서 제동력을 최대한 활용하는 것도 장점이다.

하이브리드와 전기차의 제동력 배분 구조

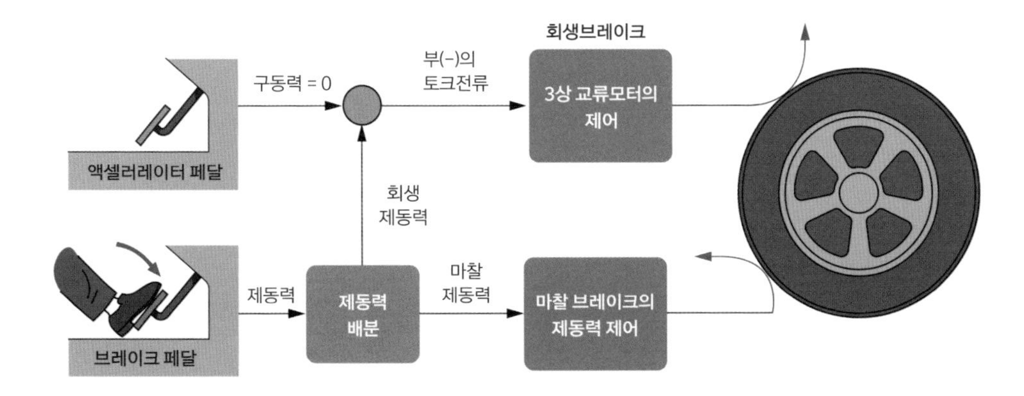

브레이크 페달을 밟으면 운전자가 요구하는 제동력을 마찰 브레이크와 모터를 활용한 회생제동으로 나눠 배분한다.
(참고 : 골든벨 자료)

회생과 마찰 브레이크의 협조 제어

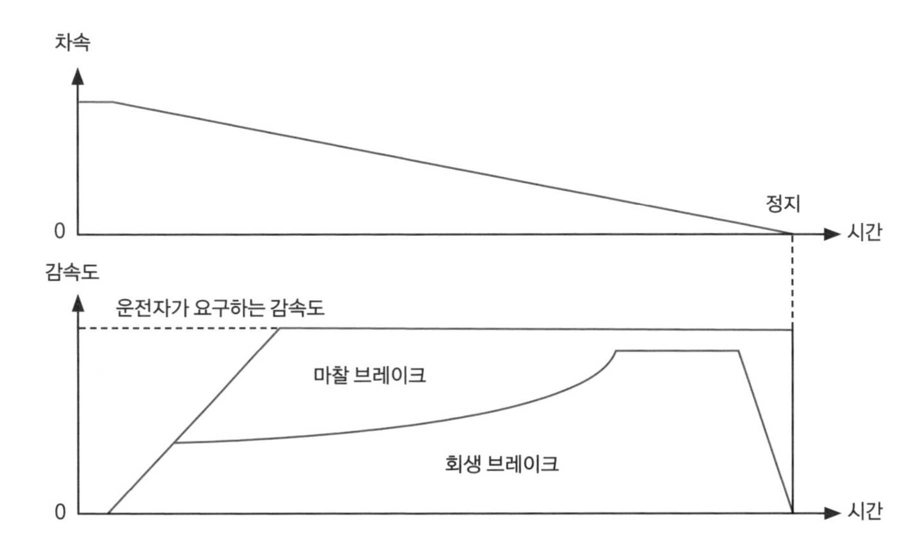

제동력이 어떻게 배분되는지 운전자가 신경 쓰지 않아도 되는 시스템이 가장 좋다.

02-11

자동차 방향을 전환하는 스티어링 제어

핸들 이외에도 방향을 제어하는 기능이 많다

자율주행 차량에서도 자동차 운행의 방향 전환은 핸들이라고 불리는 스티어링 휠을 제어해서 한다. 운전자가 두 손으로 잡고 돌리듯이 스티어링 축에 장착된 모터가 스티어링 휠을 돌리고, 도로와 교통 흐름에 맞춰 차의 진행 방향을 결정한다.

운전자 입장에서는 단순히 스티어링 휠만 돌리면 되지만, 실제 자동차가 선회하는 동안에는 여러 가지 제어가 복합적으로 일어난다. 일단 회전을 하면, 구조적으로 좌우 앞뒤 바퀴가 달려야 할 거리에 차이가 생기기 마련이다. 일반적인 차량이라면 차동장치가 들어가 있어 좌우 바퀴의 회전 속력을 맞춘다.

앞바퀴만 회전하는 전륜보다 네 바퀴가 모두 방향을 정할 수 있는 사륜이 더 회전 반경이 작아서 좁은 공간에서 주차하기가 쉽다. 단순히 방향뿐 아니라, 바퀴마다 최적으로 회전하는 데 필요한 동력을 배분해 주면, 도로 상황에 맞춰 원하는 자세 제어를 할 수 있다. 엔진에서 나오는 출력을 일일이 계산해서 기계적으로 배분해야 하는 내연기관 차량에 비해 앞뒤에 별도로 모터가 장착된 사륜 전기차 모델은 훨씬 더 능동적인 제어가 가능하다.

한발 더 나아가서 내연기관을 채용했을 때보다 더 간결해진 엔진 룸 공간을 활용해서 바퀴의 회전 범위 자체를 180도까지 늘리는 기술도 새로 개발되고 있다. 자동차가 옆으로 주행할 수 있으면 많은 사람이 어려워하는 평행 주차나 좁은 공간에서의 방향 전환도 쉽게 해결할 수 있을 것이다. 영화 소림축구에 나오는 수직 주차가 현실이 될 날이 곧 다가오고 있다.

자율주행과 스티어링 제어

도로 상황에 맞게 차량이 스스로 핸들 각도를 조절한다.

사륜 전기차의 장점

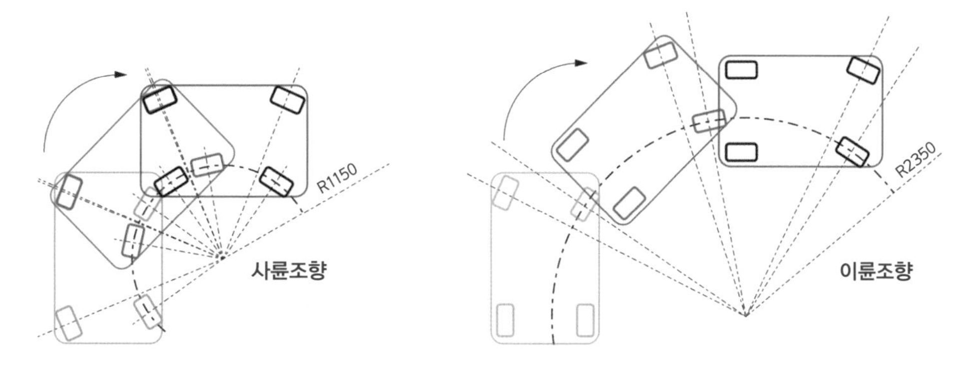

이륜보다 사륜의 회전 반경이 작고 조향성이 좋다. 따라서 전기차 앞뒤에 모터가 모두 들어가면 더욱 능동적으로 제어할 수 있다.

02-12

ECU가 모두 관장하는 By-Wire 전자식 제어

물리적인 제어를 센서와 액추에이터의 조합으로 대체한다

과거에 액셀 페달은 스로틀 밸브 와이어와 직접 연결되고, 브레이크 페달도 운전자가 밟는 페달의 압력으로 작동되는 물리적인 제어에 의존했다. 지금은 바이 와이어(By Wire) 제어가 일반적이다. 운전자가 페달을 밟으면 그 의중을 센서로 측정해 전기신호로 바꾸고, 이후에 가장 최적화된 조작을 전자식으로 제어한다.

액셀 페달의 경우, 바이 와이어 제어를 이용하면 운전자가 급하게 액셀을 밟아도 부드럽게 가속이 되도록 조작할 수 있다. 앞쪽에 충돌 위험이 있다면, 운전자가 액셀을 밟아도 출력을 차단해서 가속을 막는 제어도 가능하다. 브레이크도 마찬가지다. 브레이크를 밟는 정도를 센서로 측정하고 기계식 대신 전자식 유압 제어를 하면서, 바퀴가 미끄러져 제동 거리가 늘어나는 것을 막아주는 ABS나 바퀴별로 브레이크 제동을 조절하는 VDC 같은 ADAS 기능들이 가능해졌다. 정밀한 제어를 하려고 BCU(Brake Control Unit)가 추가된다.

자율주행으로 넘어가면 바이 와이어 제어의 인풋(Input)을 운전자뿐 아니라 설정에 따라 자율주행 제어 장치로부터 받을 수 있게 이원화된다. 운전자가 원할 때는 스스로 자동차를 조작할 수도 있다.

전자식 제어는 정밀 제어와 상황에 맞는 추가 자동 제어가 가능하지만, 센서 자체에 오류가 있을 때는 원하는 대로 제어가 되지 않아 급발진과 같은 위험한 상황이 발생할 수도 있다. 그래서 반드시 센서를 2개 이상 두고 서로의 값을 비교해 이를 보완한다. 이상 신호가 발생하면 바로 Limp-home 모드에 들어가 점검을 받도록 하는 등 보호 로직을 이중 삼중으로 구성한다.

바이 와이어로 바뀐 액셀 페달

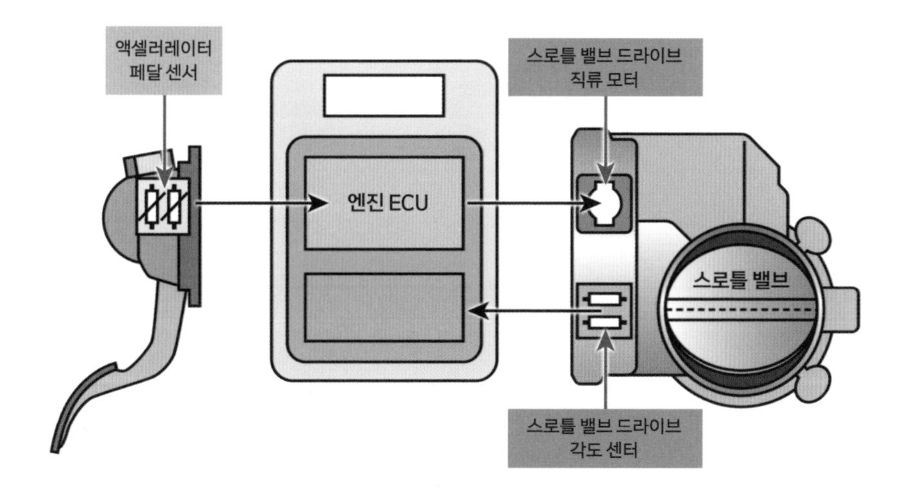

스로틀 와이어로 연결하던 액셀 페달은 센서와 모터로 대체됐다. (참고 : premierautotrade.com 자료)

브레이크 시스템의 고도화

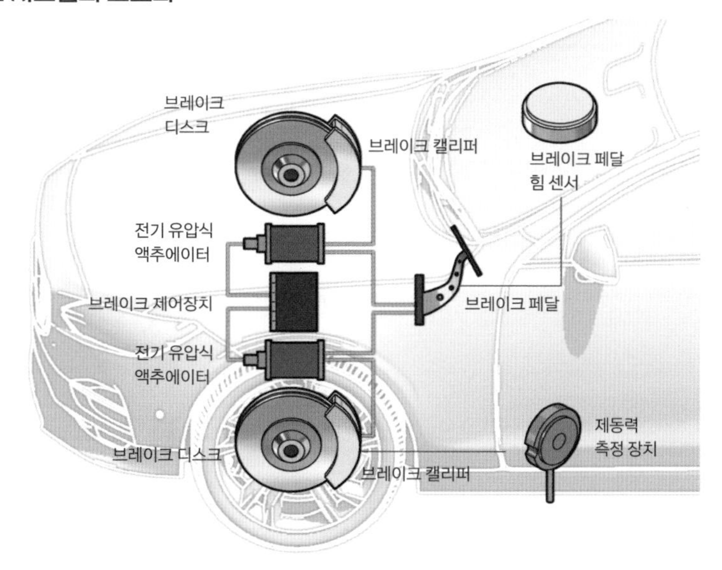

센서와 BCU, 유압 제어 장치로 브레이크 시스템도 고도화됐다. (참고 : futek.com)

Column

ADAS 기능이 필수가 된 시대

일반적인 충돌 시험은 더미 운전자를 앉히고 빠른 속도로 충돌시키면서 차가 얼마나 탑승자를 잘 보호하는지 검증한다. 덕분에 에어백 같은 안전장치들이 발전했고, 사고가 나도 운전자가 사망하는 일은 많이 줄었다.

대신 최근 교통 사망 사고 대부분은 일반 보행자가 차지한다. 이들을 보호하려면 충돌 자체를 회피하거나 운전자가 놓치더라도 차가 알아서 멈추는 수밖에 없다. AEBS는 사람을 대신해서 진로에 있는 장애물을 인식하고 차속을 줄이거나 멈춰서 충격을 완화하는 ADAS 기능이다. 만약 이런 기능이 없다면, 보행자를 보호하는 데 한계가 있을 수밖에 없다.

유럽은 교통사고로 인한 인명 피해를 줄이려고 이미 2022년부터 보행자 보호 기능을 검증하는 GSR2(General Safety Regulation) 규제를 도입했다. 예전에는 선택 사양이었던 에어백이 지금은 당연한 옵션이듯이 AEBS를 비롯해 차선을 유지하고 사각지대의 장애물을 감지하는 ADAS 기능이 규제에 의해 필수가 된 셈이다.

한국에서도 2026년부터 보행자를 보호하는 (강화된) AEBS 기능이 포함된 차량만 판매가 가능하다. 기존 자동차 아키텍처로는 개발하기 어려운 기술들이 포함됐기에 3~4년 내로 자동차 모델들은 조만간 생존을 위한 변화를 앞두고 있다. 자율주행 기술이 모든 차의 기본이 되는 시대도 멀지 않았다.

PART 3

사람처럼 주변을 인지하고 판단하는 기술

03-01

사람을 대신해서 주변을 인지하는 센서들

사람의 눈과 뇌를 대체하는 일이 쉽지 않다

운전하고 있다고 상상해 보자. 교차로에서 멈췄다가 다시 출발하기 전, 그 찰나의 순간에 우리는 도로 방향과 차들의 움직임을 살피고, 신호등과 표지판에 나온 정보를 점검한다. 그리고 진행에 영향을 줄 수 있는 건널목 위치와 보행자 움직임, 저 멀리 갑작스레 다가오는 오토바이까지 모두 시야에 두고 안전하다고 상황이 확인되면 출발한다.

이런 상황 판단은 대부분 눈으로 들어오는 시각 정보를 바탕으로 이뤄진다. 뇌 일부가 나와서 눈이 됐다는 학설이 있을 만큼 눈은 뇌와 밀접하게 연계한다. 축적된 경험을 바탕으로 대상을 인지하고 움직임을 파악하며 잠시 뒤에 일어날 상황까지 예측한다.

자율주행에서 가장 기본이 되는 것도 주변 상황을 인지하는 기능이다. 안전을 지키려면 날씨가 좋지 않은 상황에서도 정확한 인식을 해야 하므로 카메라, 레이더, 라이다 같은 다양한 센서들이 필요하다. 센서마다 장단점이 있기에 자율주행 시스템 대부분은 2개 이상의 센서를 복합적으로 활용한다.

특히 사물을 직접 측정하는 레이더나 라이다와 달리 카메라로 획득하는 영상은 정보 그 자체로 바로 활용할 수 없다. 사람도 눈으로 보는 세상에 어떤 특징이 있는지를 학습하는 과정이 필요하듯이 자율주행 시스템도 영상 자체를 수치화하고, 수치로 나타나는 특징을 이용해 주행에 영향을 주는 대상의 유형을 분류하고 기억한다. 동시에 다른 센서로 측정한 데이터와 비교 분석해서 인식 판단이 적합한지를 검증 확인하는 작업을 반복하며 인식률을 높이는 학습 과정을 거쳐야 한다. 인간의 인식 과정을 흉내 내는 데 수많은 센서가 필요한 이유가 여기에 있다.

자율주행에 쓰이는 다양한 센서들

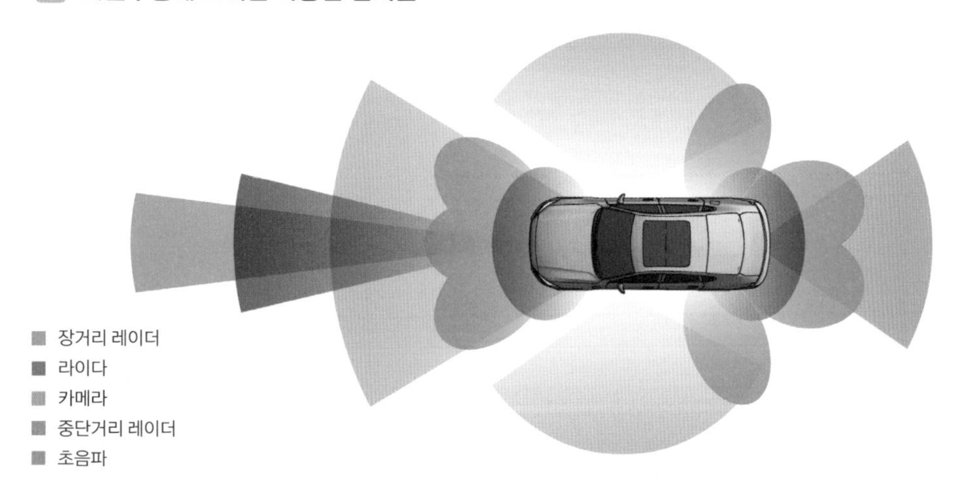

카메라, 라이다, 레이더 등 많은 센서가 자율주행에 필요한 정보를 수집한다. (참고 : intellias.com)

숫자로 세상을 보는 인공지능

카메라로 얻은 영상은 픽셀 단위로 수치화되고, 형태와 특징에 따라서 분류된다. (출처 : 엔카 매거진 자료)

03-02

물체를 감지하고 속도를 인식하는 레이더

작고 저렴한 장점 덕분에 모든 센서의 기준이 된다

전쟁 영화에 자주 등장하는 레이더는 적들의 출현을 가장 먼저 확인하는 센서다. 송출한 전자기파가 물체에 부딪쳐서 돌아오는 신호를 해석해 목표물의 거리와 각도, 속도 등의 정보를 산출한다. 움직이는 물체에 전자기파를 보내면, 달리는 구급차 사이렌 소리처럼 도플러 효과에 의해 주파수가 달라진다. 이를 이용해 특정 대상의 속도를 계산한다.

카메라보다 명암이나 안개, 눈비와 같은 날씨 영향을 덜 받고, 모듈화된 덕분에 크기도 손바닥 정도로 그리 크지 않다. 가격 또한 다른 센서들에 비해 저렴해서 전방 추돌 방지 같은 ADAS 기능이 도입되던 2000년대 초반부터 많은 차량에 널리 활용됐다.

레이더에 사용되는 주파수 대역은 국제 표준에 따라 24GHz에서 81GHz에 이른다. 주파수가 높을수록 수득률이 좋아 모듈 크기를 줄일 수 있고, 주파수 대역대가 넓을수록 거리 분해 능력이 좋아진다. 이런 물리적 특징을 고려해서 전방 중장거리에는 77Ghz 기반 레이더가 상용화됐고, 79GHz의 광대역 밀리미터파 레이더는 자동차 주변의 가까운 거리를 90도에서 150도의 범위로 탐지하는 용도로 활용된다. 전후방에 중장거리용 레이더를 활용하고, 좌우 측면에 단거리용 레이더를 하나씩 배치해 레이더를 최소 6개씩 활용하는 추세다.

레이더는 속도와 대략적인 위치를 파악하는 데 장점이 있지만, 제한적인 분해력 때문에 목표물이 사람인지 차량인지 구분하는 데는 어려움이 있다. 이런 약점 탓에 레이더만 단독으로 사용하는 경우는 드물다. 주로 카메라와 짝을 이뤄 서로 보완해 주는 시스템이 일반적이다.

자동차용 레이더의 구조

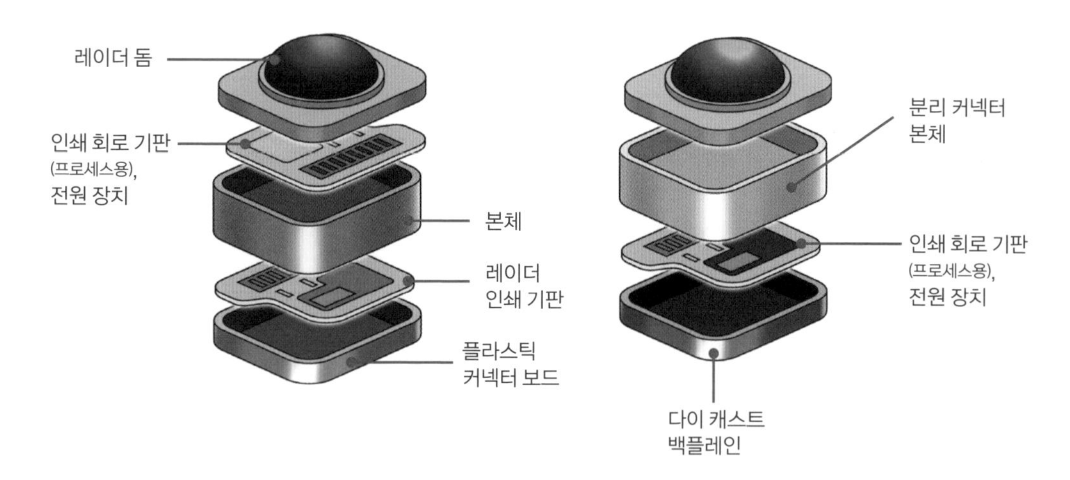

자동차용 레이더는 주변 차량과 장애물을 감지해 충돌을 방지하고, 주행 안전을 지원한다. (참고 : 한국전자통신연구원 전자통신동향분석 제27권 제1호)

자동차에 설치되는 레이더의 종류와 범위

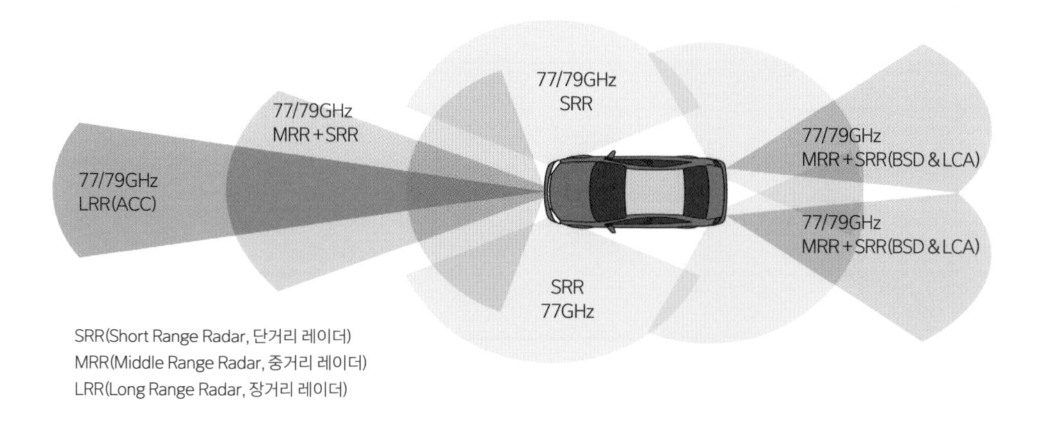

각 거리와 목적에 맞는 주파수 대역의 레이더를 사용한다. (참고 : KAMA 저널)

03-03

장점은 살리고 단점은 대수로 보완하는 레이더

멀리 보는 대신 여러 대가 필요하다

카메라와 라이더에 비해서 레이더는 범위가 넓고 속도 측정이 가능하다는 장점이 있다. 어둡거나 안개가 낀 상황에서도 대상이 존재하는지 확인해 주지만, 구체적인 형상을 구분하기 어렵고 입체적인 구조도 파악하기가 쉽지 않다.

일반적인 레이더에서 송출되는 전파는 사방으로 퍼진다. 송신기에서 출발해 목표물에 도달하는 전파의 비율은 표면적, 즉 거리의 제곱에 반비례한다. 그리고 목표물에서 반사돼 다시 수신기로 들어오는 비율은 거리의 제곱에 한 번 더 반비례한다. 즉 송신기로부터 나와서 수신기로 수득되는 전파의 비율은 거리의 네 제곱에 반비례하는 셈이다.

장애물이 나타났을 때 여유롭게 충돌을 피하려면 장애물을 일찍 검출할수록 좋지만, 그러려면 늘어난 거리만큼 출력이 강하고 안테나가 커야 한다. 이런 단점을 극복하려고 자동차에 사용하는 레이더는 송출되는 각도 범위를 줄여서 전파 출력을 한 방향으로 집중시킨다. 더 긴 거리를 탐지하도록 조정한 것이다. 장거리용과 단거리용 레이더의 측정 범위가 다른 이유다.

원거리를 탐지하려고 상대적으로 좁아진 측정 범위는 레이더 여러 대를 동시에 이용해서 보완한다. 전후방에 레이더 2대 이상을 설치하면 확인할 수 있는 범위를 충분히 확보하면서, 사물을 구분하는 분해능도 더 좋아진다. 두 레이더 정보의 위상차를 이용해서 대상의 움직임에 대한 정보도 더 정확히 파악할 수 있다. 자율주행 레벨이 높아질수록 더 정확한 정보가 필요한 만큼, 자동차용 레이더의 수도 더 늘어날 것으로 예상된다.

다중 레이더의 장점

레이더 여러 대를 사용하면 더 자세한 정보를 더 많이 얻을 수 있다. (참고 : elec4.co.kr/article/articleView.asp?idx=25695)

자율주행에 필요한 레이더 대수

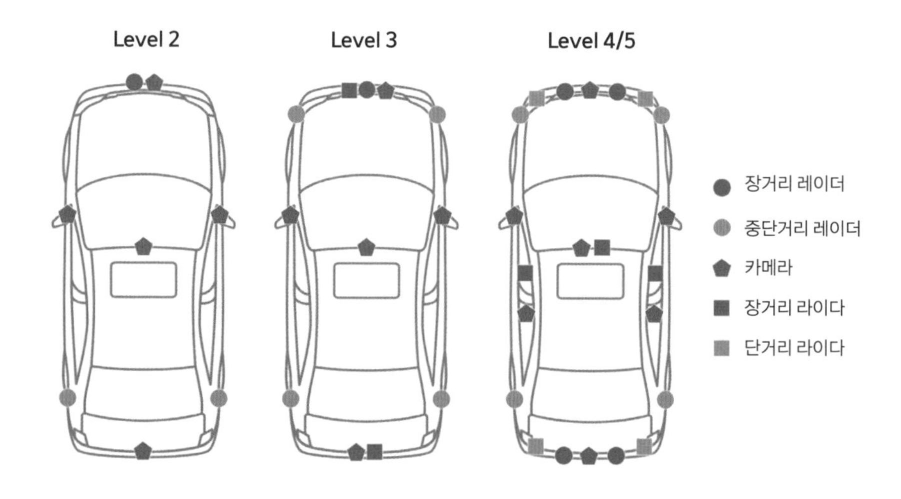

자율주행 4/5단계를 달성하려면 다중 레이더가 필수다. (참고 : 맥킨지 보고서)

03-04

눈처럼 영상으로 주변을 인식하는 카메라

거리감이 없는 대신 사물 형상을 구분할 정보가 넘쳐난다

자율주행 자동차에 달린 수많은 센서 중에 우리 눈과 가장 유사한 장치가 카메라다. 다른 센서들은 별도의 측정용 파장을 송출하고 받아들여서 물체의 거리, 크기, 속도와 같은 물리적 특징을 파악한다. 반면, 카메라는 대상의 밝기와 색 정보를 수집해서 대상이 무엇인지를 알아낸다. 카메라가 없으면 차선이나 신호등, 교통 표지판 등 색으로 구분되는 정보들은 수득이 불가능하다.

자동차용 카메라의 원리 자체는 디지털 카메라와 거의 같다. 렌즈로 들어오는 빛을 CCD나 CMOS를 이용해 전기신호로 변환하고, 이를 바탕으로 디지털 이미지를 만든다. 일반 카메라와 달리 외부로 노출된 형태이며, 어떤 상황에서도 정상적으로 작동해야 하므로 영하 40도에서 영상 85도까지의 온도를 견뎌낼 수 있도록 설계된다.

일반적으로 카메라는 날씨 같은 외부 환경에 영향을 많이 받는다고 알려졌지만, 카메라 기술의 발달로 많이 개선됐다. 조명도가 1만 lux(럭스)에 달하는 한낮은 물론이고 0.1lux밖에 되지 않는 밤에도 인식이 가능할 정도로 감도 범위가 우수하다. 다만, 일반 카메라가 영상 여러 장을 조합해 한 장의 좋은 결과물을 만든다면, 자동차용 카메라는 카메라 여러 대에서 다양한 위상의 영상을 촬영한 후에 이 조합의 차이를 분석해서 주변 상황을 더 정확히 파악한다.

대표적인 자율주행 카메라 시스템인 테슬라 비전도 카메라 8대에서 프레임마다 128장의 영상 조합을 만들어 주변을 살핀다. 형상과 색, 움직임을 실시간으로 분석하면서 기존 학습을 바탕으로 대상을 구분하고, 앞으로의 움직임과 주행이 미칠 영향을 예상한다. 사람이 두 눈만으로 안전하게 운전하는 원리를 그대로 모사한 셈이다.

자동차용 카메라의 작동 원리

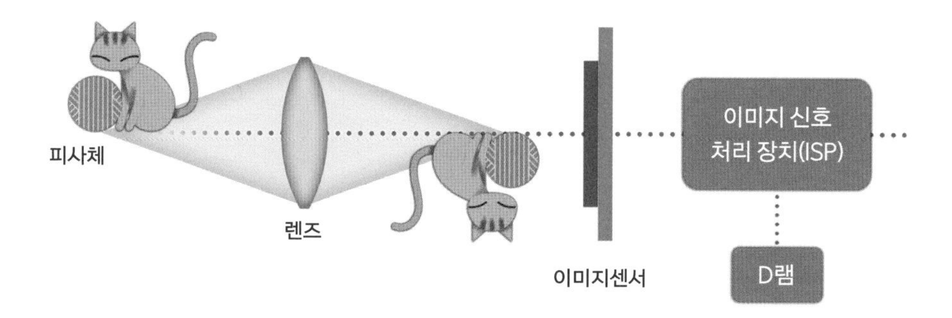

기본 원리는 디지털카메라와 비슷하다. 렌즈로 들어온 빛을 전기신호로 바꾸고, 이를 이미지로 처리한다.

테슬라 비전이 탐지하는 범위

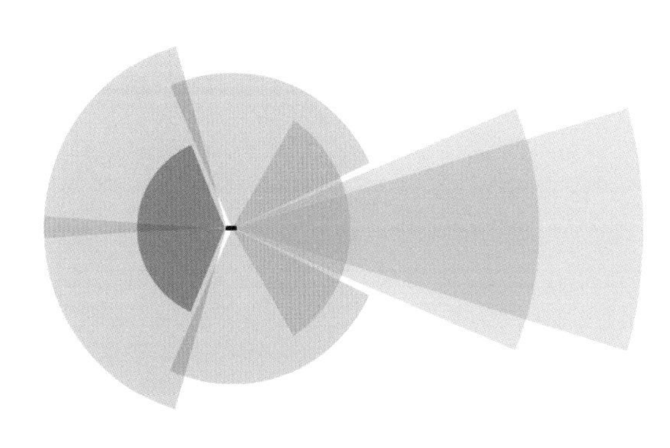

발전한 감지 범위

- 카메라 8대와 강력한 비전 처리로 최대 250m 범위까지 감지
- 협각 전방 카메라 최대 거리 250m 감지
- 주요 전방 카메라 최대 거리 150m까지 감지
- 광각 전방 카메라 최대 거리 60m까지 감지
- 전방을 향한 측면 카메라 최대 거리 80m까지 감지

테슬라 비전 시스템의 카메라 8대가 탐지하는 범위를 표현했다. (참고 : 테슬라 홈페이지)

03-05

영상에서 공간을 읽는 기술

노이즈는 줄이고 경계는 뚜렷하게 한다

자동차에서 카메라로 찍은 영상은 움직이면서 촬영하다 보니 흔들리기 일쑤다. 그리고 어두운 환경에서 촬영하면 여러 가지 노이즈도 생길 수 있다. 자율주행의 안전을 확보하려면 2차원으로 처리한 영상 픽셀의 특징을 강화하거나 노이즈를 줄여야 한다. 이 작업은 주변 픽셀들과의 관계를 이용해 처리하는데, 이를 공간 필터링이라고 부른다.

일차적으로 실제 대상에서 온 신호가 아닌 노이즈는 제거한다. 노이즈를 제거하는 가장 기본적인 방법은 평균화 필터다. 마스크(커널)라고 부르는 3×3 또는 5×5 크기의 작은 윈도를 영상의 각 픽셀 위치에 대해 이동시키면서, 해당 픽셀과 주변 픽셀들의 값을 합쳐 평균한 값으로 대체하는 것이다. 랜덤 노이즈를 줄이는 장점이 있지만, 이미지가 많이 흐려진다.

이를 보완하려면 조금 더 본래의 픽셀값에 가중치를 둔다. 가중치 평균을 사용하는 대표적인 방식이 가우시안(가우스) 함수를 이용한 가우시안 필터다. 평균화 필터에 비해 작은 노이즈를 없애는 것에는 유리하지만 큰 노이즈를 없애려면 마스크 크기를 크게 잡아야 한다. 다만 마스크가 크면 계산이 복잡해지면서 연산량이 많아지는 단점이 있다.

자율주행에는 물체의 내부 형상보다 경계를 명확히 하는 것이 더 중요하기 때문에 옆 그림처럼 원본보다 형체 내부가 흐려지더라도 노이즈가 적고 경계가 더 뚜렷하게 보이도록 공간 필터링으로 영상을 일차 처리한다. 테슬라나 자율주행 회사들의 카메라 영상들이 핸드폰 사진보다 늘 흐려 보이는 이유도 여기에 있다.

평균화 필터

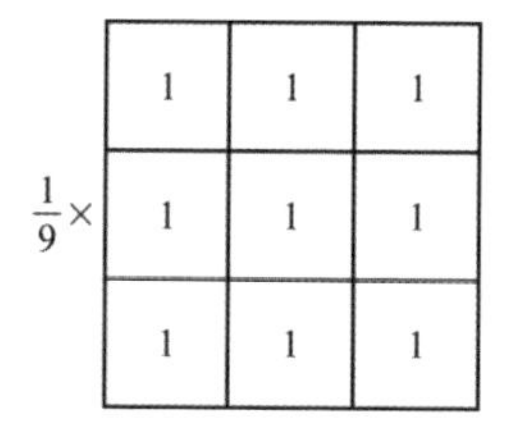

$\frac{1}{9}\times$

1	1	1
1	1	1
1	1	1

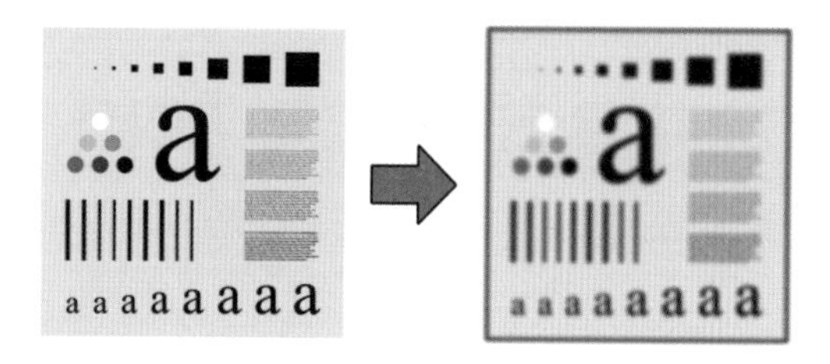

이 작업을 거치면 노이즈가 감소하지만 이미지가 흐려진다.

가우시안 필터와 노이즈 감소

Gausian filter(가우시안 필터)

$$G(xy)=\frac{1}{2\pi\sigma^2}e^{-\frac{x^2+y^2}{2\sigma^2}}$$

Gausian Function

1/16	1/8	1/16
1/8	1/4	1/8
1/16	1/8	1/16

3×3 filter mask

오른쪽으로 갈수 이미지에 적용한 마스크의 크기가 크다.

평균화 필터와 비교해 노이즈 감소에 유리하지만, 마스크가 커야 한다. (참고 : hu-coding.tistory.com/11)

경계면을 찾아내는 방법

밝기 차이가 많이 나는 에지를 찾아 숨은 정보를 읽어낸다

도로와 자동차, 차선 등을 구분하려면 경계를 정확하게 읽어내는 기술이 필요하다. 이웃하는 픽셀값을 적분해서 노이즈를 없앴던 공간 필터링과는 반대로, 경계를 명확하게 구분하려면 이미지 안에서 픽셀값이 갑자기 변하는 지점 즉, 에지(edge)에서 픽셀값의 미분값이 크게 증가하는 원리를 이용한다.

어떤 방향의 변화량에 가중치를 두느냐에 따라서 에지를 추출하는 특징도 달라진다. 대표적인 1차 미분 필터링인 소벨 에지 필터는 X/Y 쪽 방향뿐 아니라 대각선까지 가중치를 두면서 변화량을 계산한다. 이미지 자체보다 변화량에 집중하면서 이미지는 반전되고 경계만 뚜렷이 남는다. 1차 미분 필터는 자잘한 노이즈에도 정확히 경계를 파악할 수 있는 장점이 있다.

대부분 상황에서는 1차 미분 필터만으로도 충분하지만, 밝기 변화가 지속적으로 넓게 펼쳐져 있을 때는 경계가 흐릿해지고 작은 변화에도 지나치게 민감하게 반응한다는 단점이 있다. 그럴 때는 한 번 더 미분하는 2차 미분 필터링을 이용하면 해결된다. 대표적으로 라플라시안 필터링을 적용하면 밝은 영역에서도 경계선 부분만 더 강조되는 형태가 된다.

다만 필연적으로 노이즈에 취약하므로 노이즈를 미리 제거한 후 계산한다. 이렇듯 원본은 하나지만 대상물의 종류와 상황, 이미지의 품질과 다른 센서값들에서 참고하고픈 정보 종류에 따라서 요구되는 후처리는 다르다. 색깔별로 세기를 구분하고 각각 에지 추출을 하면 색과 관련한 경계 구분도 가능하지만, 프로세서에 너무 과부하가 걸릴 수 있으니 대개는 흑백 처리를 먼저 해준다.

소벨 필터링을 이용한 경계면 추출

사진에서 보듯 밝기 차이가 많이 나는 경계만 남는다. (출처 : 〈Image Processing Techniques for Indoor and Outdoor Self Driving cars〉, Rohit Gandikota)

라플라시안 2차 미분을 이용한 에지 추출

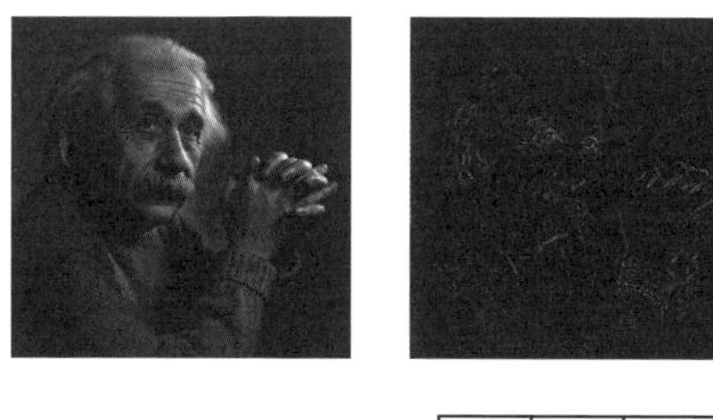

1	1	1
1	-8	1
1	1	1

(a) 3×3 라플라시안 마스크
(OFF-center 신경절세포 모방)

0	0	1	0	0
0	1	2	1	0
1	2	-16	2	1
0	1	2	1	0
0	0	1	0	0

(b) 5×5 라플라시안 마스크
(OFF-center 신경절세포 모방)

단순히 밝은 부분이 아니라 그중에서도 경계에 있는 영역만 강조된다. (출처 : micropilot.tistory.com/2970)

03-07

자동차가 가야 할 차선을 인식하는 허프 변환

점들의 특성들을 모아서 숨어 있는 직선을 찾는다

차선을 따라 주행하게 해주는 LKA(Lane Keeping Assist) 기능을 실현하려면 도로 위에 그려진 차선 마킹을 정확히 파악해야 한다. 색으로 구분해야 하므로 카메라를 이용해야만 검출할 수 있다. 곧은길에 뚜렷이 바닥에 그려져 있는 차선이라면 영상에서 에지를 추출하는 것만으로 쉽게 파악할 수 있다. 다만 도로가 얼룩져 있거나, 눈이나 웅덩이로 가려져 있다면 쉽지 않다.

이렇게 마커 일부만 보이는 차선을 효율적으로 검출하는 데 주로 사용하는 처리법이 허프 변환(Hough Transform)이다. 공간상의 점들을 보면, 그 점을 지나는 다양한 직선들이 존재할 수 있다. 존재할 수 있는 각각의 직선들을 원점에서의 거리와 x축과의 각도로 표현하면, 직선은 한 점으로 표현이 된다. 반대로 한 점은 그 점을 지나는 다양한 직선들의 거리와 각도 정보를 이은 한 곡선으로 표현된다.

카메라로 촬영한 영상에서 점들을 검출하고, 이 점들을 허프 공간상의 곡선들로 변환해 보면, 그중에 곡선들이 서로 교차하는 점들이 나타난다. 그 점들은 결국 실제 영상에서 한 직선을 대변한다. 따라서 허프 공간상에서 여러 곡선이 겹치는 교차점일수록 차선일 가능성이 커진다. 이런 차선들을 기존 에지에서 추출한 차선 정보와 결합해 보면, 잘 보이지 않는 차선도 쉽게 추출할 수 있다.

일반 영상에는 차선 외에도 건널목, 교각, 전신주 등 여러 대상이 있다. 차선은 일단 진행 방향과 평행하기에 수평한 직선들은 세로 필터를 이용해 차선 검출에서 제외한다. 대신 수평 방향 에지 추출을 이용해서 주행에 방해되는 장애물을 대비하는 용도로 처리한다.

허프 변환의 예시

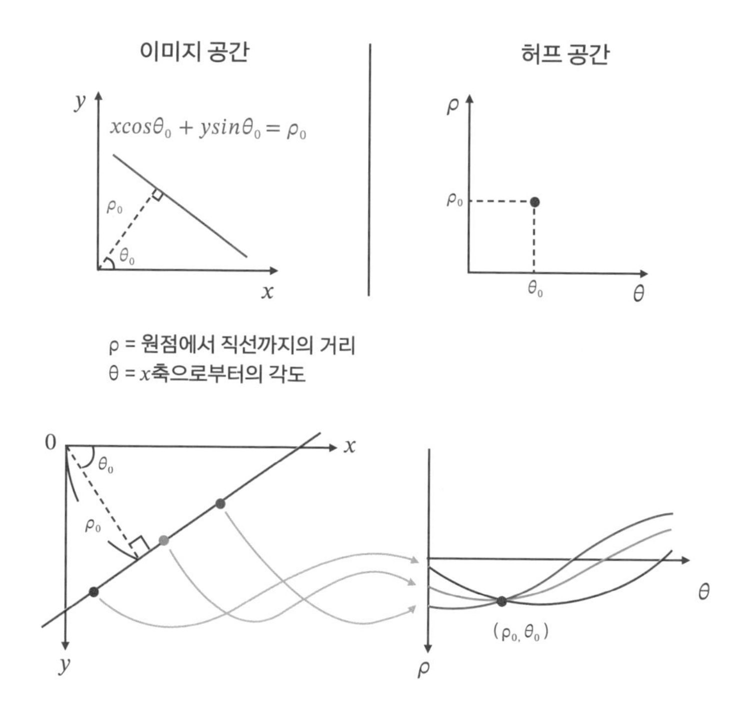

한 점은 그 점을 지나는 다양한 직선들로 바꿔 표현할 수 있다. (출처 : charlezz.com/?p=45218)

허프 변환으로 차선 찾기

1. 원본
2. 모노톤 변경
3. Canny Edgy
4. ROI(차선에 집중)
5. 허프 변환
6. 최종 결과

에지에서 대략 값을 추출하고, 허프 변환으로 보완한다. (출처 : Udacity 교육 자료)

03-08

교통 표지판과 신호도 영상으로 읽는 기술

삼각/사각/원형을 빠르게 구분하고 그 안의 기호를 파악한다

교통 표지판은 위험한 도로 상황을 주의시키거나 안전 운행에 필요한 정보를 제공하려고 설치한다. 따라서 안전한 자율주행을 실현하려면 실시간으로 표지판 정보를 정확히 파악하는 것이 중요하다. 나라마다 조금씩 차이가 있지만, 교통 표지판 대부분은 세모, 네모, 원형이며 표지 내용도 표준화돼 있다. 자율주행 자동차는 카메라 영상에서 표지판을 일단 식별하고, 그 내용을 표준 데이터와 비교해서 인식한다.

삼각형, 사각형, 직선으로 구성된 표지판은 차선을 인식할 때 사용한 허프 변환을 활용해 찾을 수 있다. 3~4개의 직선이 지면에 수평인 직선 1~2개와 각도가 60도 혹은 90도인 형태로 구성돼 있으며, 그 길이가 차선이나 건물처럼 크지 않으면 쉽게 표지판으로 분류할 수 있다.

원형 표지판과 교차로마다 볼 수 있는 신호등을 인식하는 데는 허프 원 변환(Circular Hough Transform, CHT)을 이용한다. 표지판 크기는 일정하므로, 도로상의 위치에서 대략적인 반지름을 추측할 수 있으니 일단 에지 추출로 경계면을 찾은 다음, 대략적인 반지름으로 에지를 따라 돌 때 겹치는 중심점을 찾으면 쉽게 구분할 수 있다.

위치가 다르거나 크기가 달라 표준 반지름으로 검출할 수 없으면, 에지를 따라서 접선에 수직인 선들을 그려본다. 원의 경우, 각 직선이 원의 중심인 한 점에서 만나는데 이런 점의 존재 여부와 중심에서 에지의 각 지점까지의 거리가 일정한지를 계산해 원형으로 파악할 수 있다. 이런 검출 방법은 표지판뿐만 아니라 곡선 차로나 표지판의 문자 인식 등에도 광범위하게 쓰인다.

교통 표지판을 인식하는 법

표지로 인식하고 나면 특이점을 기준으로 기존 데이터베이스에서 의미를 찾아내 구분한다.
(출처 : github.com/ParkHeeseung/Traffic-Sign-Recognition-with-Machine-LearningAndOpenCV)

허프 원 변환

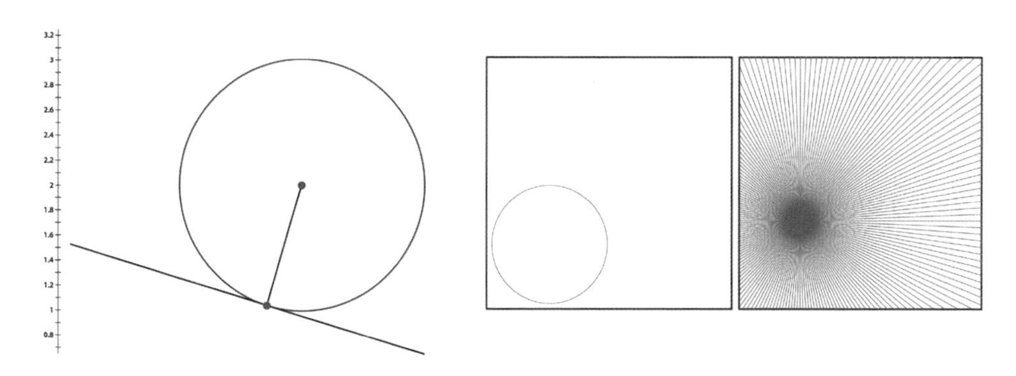

추출한 에지의 접선과 수직인 직선을 이용해 중심을 찾는다. (참고 : 찰즈의 안드로이드 사이트)

03-09

픽셀 단위로 매칭을 찾아내는 비전 인식 기술

템플릿으로 비교해서 더 빨리 인식한다

표지판을 포함한 여러 가지 표식들과 글 등도 카메라 영상으로 인식할 수 있다. 인간도 학습을 거쳐 어떤 이미지가 어떤 의미인지를 연결하듯, 자율주행 자동차도 영상 속 이미지를 기존에 학습한 내용과 비교해서 유사성을 계산하고, 일치 여부를 판단하는 일련의 작업을 거친다. 이런 비전 인식을 템플릿 매칭이라고 부른다.

템플릿은 찾고자 하는 대상의 영상을 의미한다.(크기가 작다.) 템플릿 이미지와 같은 크기의 윈도를 가지고 목표 영상을 모든 서브 이미지(sub-image)들과 비교하면서 유사도가 가장 높은 부분을 찾는다.

두 이미지가 같은지를 비교할 때, 이미지를 이루는 픽셀 하나하나의 명도가 기준이다. 기준점을 정하고 동일 좌표상에 픽셀값의 차이가 작을수록 유사하다고 판단한다. 각 픽셀 사이에 생긴 차이의 절댓값을 합쳐서 비교하는 SAD(Sum of Absolute Difference)나 차이의 제곱을 합쳐서 비교하는 SSD(Sum of Squared Difference) 방식이 일반적이다.

이런 방식은 구현이 간단하지만, 영상의 밝기 차이와 (상황이 같은 경우와 관련한) 보정이 포함되지 않아서 신뢰도가 떨어진다. 이를 극복하려고 NCC(Normalized Cross Correlation)도 널리 이용된다. 모니터링하는 범위 안에 있는 픽셀들의 평균 밝기와 표준편차를 구한 후에 각 픽셀의 RGB값들을 벡터(vector)처럼 계산해서 합산하는 방식이다.

인식에 쓰는 레퍼런스 데이터는 실제 카메라로 얻은 영상을 기반으로 한 학습을 거쳐 데이터베이스화한다. 테슬라의 오토파일럿 기능이 처음 가는 길보다 자주 다니는 길에서 더 좋은 성능을 보이는 것도 템플렛을 학습시킨 덕분에 사물 인식 및 판단에 걸리는 시간이 줄어들기 때문이다.

매칭되는 이미지의 위치 찾아내기

전체 이미지

템플릿

전체 이미지를 스캔해서 찾고자 하는 이미지와 매칭되는 위치를 찾아낸다.

NCC 구하는 식

$$\frac{1}{n}\sum_{x,y}\frac{(f(x,y)-\bar{f})(t(x,y)-\bar{t})}{\sigma_f\sigma_t}$$

n : 픽셀의 개수

$f(x,y)$: 소스 이미지의 일부분인 서브 이미지의 $[x,y]$ 픽셀

$t(x,y)$: 템플릿 이미지의 $[x,y]$ 픽셀

$\bar{f}$: 서브 이미지 픽셀들의 평균

$\bar{t}$: 템플릿 이미지 픽셀들의 평균

σ_f : 서브 이미지 픽셀들의 표준편차

σ_t : 템플릿 이미지 픽셀들의 표준편차

각 지점의 값을 평균치와 표준편차로 보정한다. 값이 클수록 일치도가 높다.

03-10

좌우 카메라로 거리를 계산하는 기술

스테레오 카메라와 영상 분석으로 비싼 라이다를 대체한다

눈앞에 손가락을 들고 좌우 눈을 한쪽씩 깜박여 보자. 같은 손가락이지만 어느 쪽 눈으로 보느냐에 따라서 위치가 달라진다. 손이 얼굴에 가까울수록 좌우 눈으로 보는 손가락의 위치 차이는 벌어지고, 멀어질수록 그 차이는 줄어든다. 뇌는 매 순간 주시안(주로 사용하는 눈)으로 보는 영상을 기본으로 삼고, 주시안이 아닌 다른 눈으로 보는 영상과 비교해서 원근감을 계산한다.

자율주행 자동차에 달린 카메라가 사물의 거리를 측정하는 방법도 동일하다. 특히 사람의 눈처럼 일정한 간격으로 카메라 2대가 같은 방향을 바라보는 스테레오 카메라는 차량의 진행 방향에 설치돼 있다. 두 카메라에서 동시에 촬영한 영상을 비교해서 대상물까지의 거리를 추정한다.

다른 영상에서 같은 대상물을 찾는 데는 탬플릿 매칭 기법을 이용한다. 예를 들어 마주 오는 자동차를 촬영했다면, 특징적인 템플릿 영상을 한쪽 이미지에서 잘라내 비교한다. 그런 다음 다른 쪽 이미지에서 잘라낸 이미지와 유사도가 높은 부분을 찾아 시차를 구한다.

시차와 두 카메라 사이의 거리, 카메라의 초점거리 등을 이용해 삼각측량을 하면 사물까지의 거리를 계산할 수 있다. 정확한 시차를 계산하는 데는 카메라 해상도가 높을수록 그리고 두 카메라 사이의 거리가 멀수록 유리하다.

하지만 먼 거리에 있는 사물들은 카메라만으로는 거리를 측정하는 데 한계가 있다. 마치 하늘에 있는 별은 양쪽 눈으로 번갈아 봐도 차이가 없듯이 말이다. 또한 벽처럼 무늬가 없어서 특징을 찾기 어려운 물체라면 정확한 시차 측정이 어려워 다른 센서를 이용한 방법으로 보완한다.

카메라 2대로 시차를 계산하기

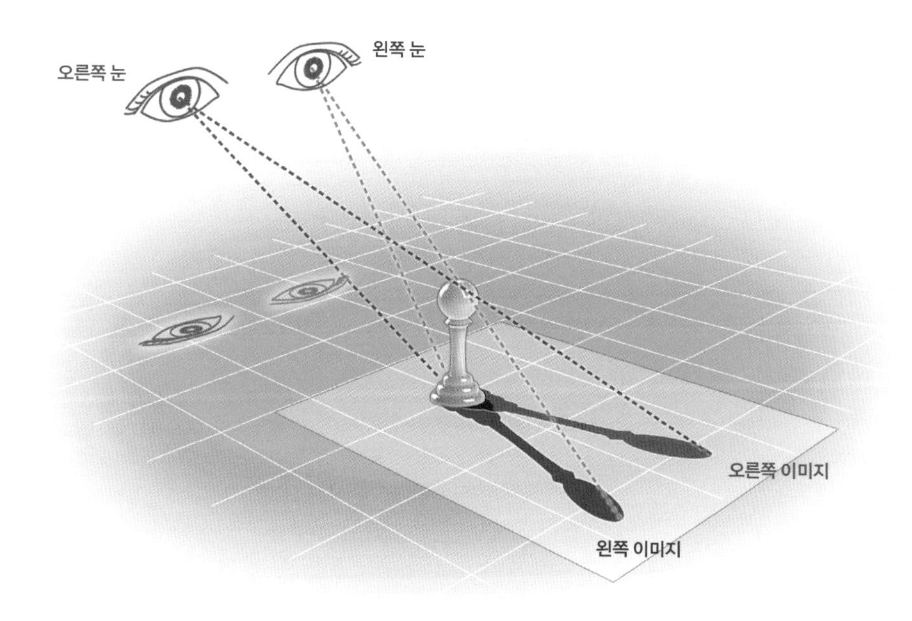

오른쪽 눈과 왼쪽 눈으로 보는 영상의 차이로 거리를 계산한다.
(참고 : whybrary.mindalive.co.kr/story/?idx=3009106&bmode=view)

좌우 영상을 합치다

보정 전의 스테레오 이미지

보정 후의 스테레오 이미지

카메라 2대로 찍은 좌우 영상을 합쳐서 격차 분포에 대한 맵을 구성하고, 이를 비교 분석해서 거리 정보를 포함한 영상 형태로 재구성한다. (출처 : Matlab Training 영상)

03-11

카메라가 하나여도 거리 계산이 가능하다

향상된 이미지 분석 기술로 장비의 소형화를 이루다

스테레오 카메라는 사람의 눈처럼 두 이미지를 동시에 처리할 수 있지만, 비용이 비싸고 카메라 사이의 간격을 확보하려면 크기를 줄이는 데도 한계가 있다. 자동차뿐 아니라 로봇, 드론 등 다양한 영역에서 활용하기 위해 카메라 하나로도 거리를 추정하고 영상을 입체로 이해하고자 하는 노력이 계속되고 있다.

대상의 크기를 알고 있다면, 한 카메라로 거리를 알아내기가 쉽다. 신호등, 자동차, 대형 승합차 등의 대략적인 크기를 이미 알고 있는 경우에 도로에 있는 사물들을 인식해서 레벨링을 하면, 원근감을 이용해서 대강의 거리를 예측할 수 있다. 번호판같이 규격이 정해져 있는 대상이 기준이 되기도 한다.

길에 표시된 차선이나 수평선은 소실점이라고 불리는 한 점에 모이는 것처럼 보인다. 소실점에서부터의 상대적 위치를 보면 먼 거리도 추측할 수 있다. 또한 별의 원주시차처럼 일정한 시간 동안 이동하기 전과 후의 영상을 비교하면 마치 스테레오 카메라처럼 시차를 이용한 거리 측정도 가능하다.

최근에는 디지털카메라 기술의 발달로 이미지가 초점에서 벗어났을 때 흐릿하게 나오는 패턴의 차를 이용해서 거리를 측정하기도 한다. 초점거리를 빠르게 스캔하면서 이미지의 흐려지는 패턴을 분석해서 상대적인 거리를 바로 계산하는 방식이다. 이미지의 각 픽셀이 지닌 선명한 정도를 빠르게 표준화하고 판단하는 인공지능 신경망 시스템이 필요하지만, 영상을 이용해 3D 이미지 구현을 바로 할 수 있다는 장점이 있다.

한 카메라로 거리를 알아내는 법

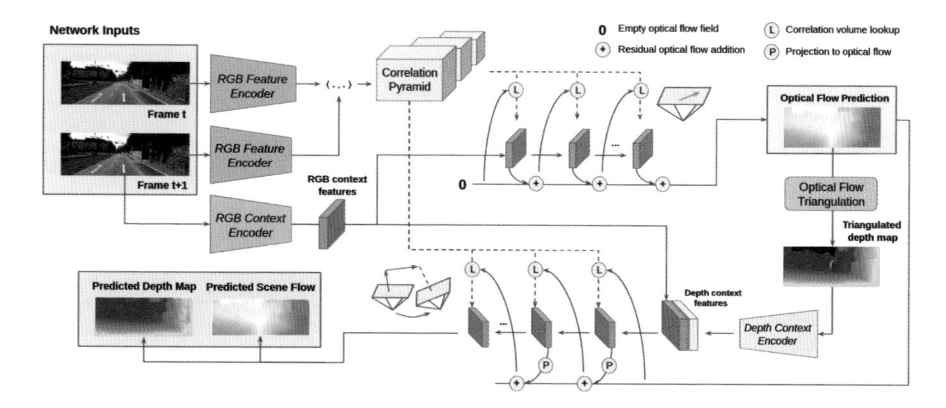

같은 카메라로 일정 시간 뒤에 찍은 영상과 비교해서 거리를 계산하는 로직을 기술한 그림. 피사체의 이미지를 찾아야 하므로 과정이 복잡하다. (출처 : 〈Learning Optical Flow, Depth, and Scene Flow without Real-World Labels〉, Vitor Guizilini, Kuan-Hui Lee, Rares Ambrus, Adrien Gaidon)

디지털카메라의 초점거리를 이용하는 방식

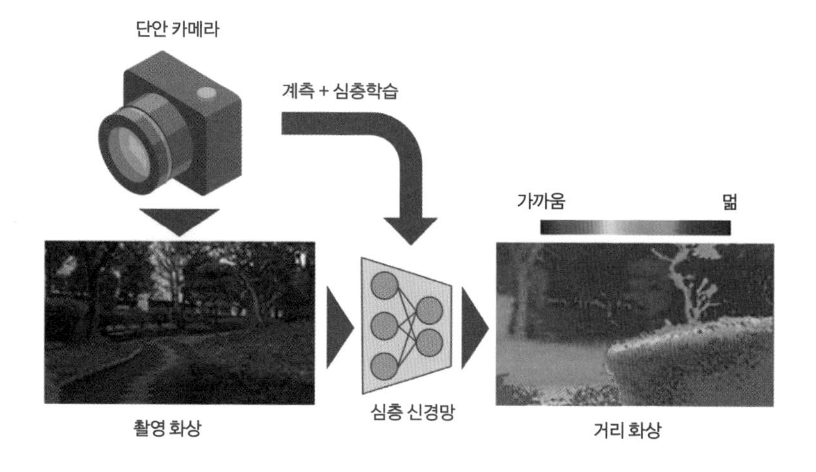

인공지능 신경망을 이용해 초점거리의 패턴 차이를 분석하면 거리를 알 수 있다. (출처 : tjsys.co.jp/digitalwave/post.htm)

03-12

먼 거리에 있는 물체를 인식하는 라이다 센서

레이더와 카메라가 미치지 못하는 영역을 탐색한다

레이더로 거리를 측정하고, 카메라 영상으로 형태와 차선을 읽어내면 대략적인 주변 상황을 인식할 수는 있다. 그러나 레이더는 대략적인 형태만 파악할 수 있고, 카메라는 빛과 주변 환경에 영향을 많이 받는다. 레벨 4 이상의 자율주행을 실현하려면 좀 더 정확한 거리와 사물 형상에 대한 정보가 필요하다. 이 부족한 부분을 채울 수 있는 장치가 라이다 센서다.

라이다 센서는 레이저를 주사하면서 대상물로부터 반사되거나 산란한 빛을 관측한다. 이때 빛의 시차와 반사율을 이용해 대상물까지의 거리와 형상을 측정한다. 레이더에 비해 파장이 짧은 레이저를 사용하기 때문에 오차 범위가 mm 단위로 정밀도가 높고, 왜곡도 적다. 이 때문에 주변 지형지물의 거리, 속도, 온도, 물질 분포, 방향 등을 감지하는 것은 물론 사람의 얼굴 윤곽도 확인이 가능할 정도로 정밀한 3D 지도를 생성할 수 있다.

또한 카메라보다 빛의 유무에 영향을 적게 받기 때문에 어두운 야간에도 안정적으로 주변 환경을 스캐닝할 수 있다. 다만 전력 소비가 많고, 크기도 크다. 또 안개가 껴서 레이저가 산란하는 날씨에는 성능을 제대로 발휘할 수 없다. 고출력 레이저를 송신하고 받아들여야 하므로 가격도 비싸서, 모든 차량에 손쉽게 적용하기에는 어려움이 있다.

그러나 완전 자율주행을 실현하려면 주변 상황을 3D로 정확하게 인식하는 일이 중요하다. 자율주행 기술이 보편화되고 완전 자율주행 차량의 비율이 5% 남짓으로 높아지는 2050년에는 자동차에도 라이다를 기본으로 장착하는 시대가 올 것으로 예상된다.

라이다 센서의 특징

라이다 센서는 반사되는 레이저의 특성을 분석해서 점묘화 형태의 3D 스캔 데이터를 확보할 수 있게 해준다.

카메라 · 라이다 · 레이더의 특징과 기능

	CMOS 카메라	라이다 센서	레이더 센서
작동 원리	빛의 밝기 변화를 전기 신호로 변환	레이저 펄스의 반사 시간을 측정	전자기파의 반사 시간을 측정
측정 범위	짧은 거리 (수십 미터)	긴 거리 (수백 미터 이상)	중간 거리 (수십 미터)
측정 정확도	낮음	높음	낮음
형태 인식	가능	가능	불가능
각도 분해능	높음	낮음	높음
가격	저렴	비쌈	저렴
기상 조건에 대한 민감도	높음	낮음	낮음
투과성	낮음	낮음	높음
응용 분야	이미지 인식, 영상 처리, 인공지능	자율주행, 3D 스캐닝, 지도 제작	항공 우주, 자동차, 보안

센서마다 장단점이 있다. 서로 보완해 줄 필요가 있다. (참고 : embedded.com/why-fir-sensing-technology-is-essential-for-achieving-fully-autonomous-vehicles)

03-13

라이다 센서의 개발 현황

점점 작아지면서 더욱 빼어난 성능을 갖춘다

라이다 센서라고 하면 자율주행 시험차 위에 원형으로 튀어나와 빙글빙글 돌면서 주위를 스캔하는 커다란 장치가 쉽게 떠오른다. 웨이모에서 적용한 벨로다인 기계식 라이다 센서는 이후 자율주행 시험차 대부분에 표준으로 적용됐다. 넓은 수평 시야각이 확보되고, 데이터 정확도도 좋다는 장점이 있지만, 가격이 비싸고 내구성도 약하다. 또 360도로 회전해야 하기에 차체에 매립해서 사용할 수 없다는 한계도 명확했다.

시험차가 아닌 실제 판매되는 차량에 적용하려면 라이더 센서의 매립이 필수다. 기술 발달로 레이저 장치가 점점 더 소형화되면서, 시야각을 모터가 아닌 다른 방식으로 구현해 매립이 가능한 형태를 띤 새로운 라이다 센서들이 속속 개발되고 있다.

전압에 따라 기울기가 달라지는 작은 거울을 사용해서 스캔하는 MEMS(Micro Electro Mechanical Systems) 방식이 있고, 광학 렌즈를 이용해서 송출된 레이저를 방향에 따라 위상을 변환시켜 여러 방향으로 쏘아 스캔하는 OPA(Optical Phase Array) 방식도 있다. 또 레이저를 전방에 비추고 레이저 가까이 위치한 수신기에서 반사된 산란광을 포착, 한 이미지로 전체 장면을 포착하는 방식인 Flash 방식도 개발됐다. 360도 기계식 모델과 비교하면 크기는 작지만, 간접적인 방법으로 수신하기에 정확도는 떨어진다.

매립형 라이더 센서는 좁은 시야각을 보완하고 부족한 정확도를 보충하려고 한 차에 여러 개를 장착한다. 반사된 신호만 수신하던 기존 방식에서 벗어나, 송신한 레이저도 간섭계를 이용해 데이터화해서 거리와 속도 정보도 함께 추출할 수 있는 FMCW(Frequency Modulation Continuous Wave) 방식도 많이 적용하고 있다.

MEMS/OPA/FLASH 라이다 센서의 작동 방

Receiver optics
Laser reture
리시버
Lorentz force
레이저 트랜스미터
Laser
Torsion bar
Current
Optical diffuser
Coil

MEMS 방식

TX
θ
C
A
θ

OPA 방식

2D array of detector
Receiver optics
Target surface
Laser Transmitter
Optical Diffuser

Flash 방식

여러 신기술이 개발된 덕분에 라이다 센서가 작아졌다. (참고 : 루미솔 홈페이지)

MEMS 원리를 이용한 초소형 라이다 센서

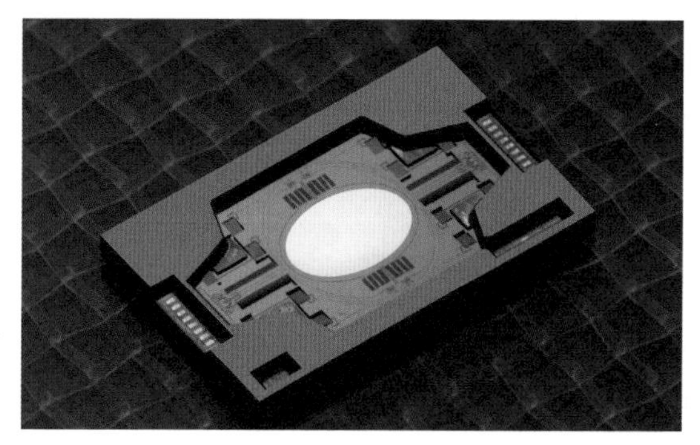

출처 : Fraunhofer 홈페이지

03-14

여러 센서의 정보를 통합 분석하는 시스템

서로의 데이터를 비교해서 사물을 더 정확히 인식한다

카메라, 레이더, 라이다 등 사람을 대신해서 주변을 인식하는 센서들은 각각의 장단점이 명확하다. 카메라는 색과 형상을 구분할 수 있지만, 명암에 영향을 받는다. 레이더는 거리 정보를 쉽고 저렴하게 모을 수 있지만, 해상도가 떨어진다. 라이다는 해상도가 좋지만 가격이 비싸고, 기후 조건에 영향을 많이 받는다.

각 센서의 장점은 살리고 단점은 보완하는 알고리즘을 개발하는 일이 자율주행 소프트웨어 측면에서는 가장 큰 화두다. 초기에는 각 센서가 인식한 정보를 융합해서 종합적으로 인지하는 형태로 개발됐다.

그러나 센서 업체마다 각자의 알고리즘을 기반으로 최적화된 인지 프로세스를 업그레이드하면서 일단 각각의 센서가 정보를 분석해서 상황을 인지한 다음, 이를 통합해서 종합적으로 재판단하는 로직으로 발전하고 있다.

2D 좌표계 데이터를 제공하는 카메라에 3D 좌표계 거리 정보를 더해줄 수 있는 레이더를 융합하면, 카메라 영상에 거리를 합친 3차원 지도 구성이 가능하다. 라이다로 얻은 정밀한 3D 스캔 정보에 카메라로 얻은 사물의 색이나 형상을 융합하면 더욱 실사에 가까운 데이터를 확보할 수 있다.

레벨 4 이상의 자율주행을 실현하려면 카메라, 레이더, 라이다 센서 모두가 필요하다는 것이 대체적인 중론이다. 이런 통합 정보 처리를 하려면 많은 데이터를 한꺼번에 처리할 수 있는 시스템을 확보해야 한다. 또한 센서 업체끼리의 연합도 더욱 활발해질 것으로 예상된다. 실차에 적용하려면 성능을 향상하고, 센서 가격을 더욱 낮추고, 데이터 프로세스를 한층 간소화해야 한다.

여러 센서의 장단점 비교

	장점	단점
라이다	높은 해상도와 정확도	높은 가격
	날씨가 좋으면 장거리 인식 가능	가늘거나 작은 물체 감지 못함
	360도 전방향 감지 가능	전력 소모 높음
	3D 포인트 클라우드 데이터 제공	내구성 낮음
		기후 조건에 영향을 많이 받음
레이더	날씨가 좋으면 장거리 인식 가능	낮은 해상도와 정확도
	센서가 작고 가벼움	비금속 물체 감지 능력이 떨어짐
	가격이 저렴	차선, 신호등 등의 이미지를 처리 못함
카메라	색상 인식 가능	객체와의 거리, 속도를 직접 측정할 수 없음
	고해상도로 형상을 인식함	기후 조건에 영향을 많이 받음
초음파 센서	투명체와 비금속 물체 탐지 가능	단거리 사용
	기후 조건의 영향이 적음	온도와 바람에 민감함
	비용이 저렴함	간섭 및 잔향 문제가 있음
		고속에서 사용할 수 없음

통합 정보 처리 시스템

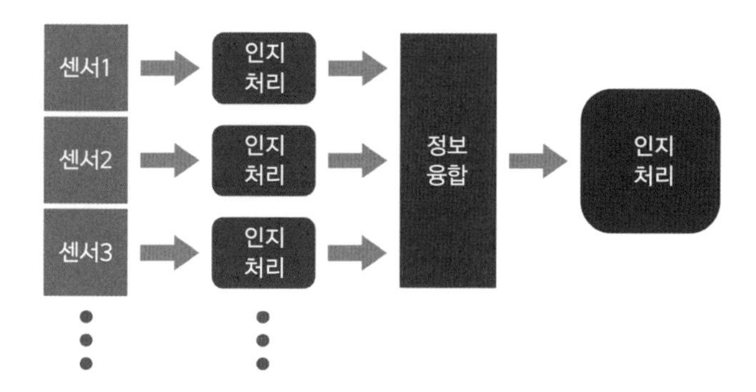

초기에는 정보를 융합해서 인지 처리하는 데 그쳤지만, 최근에는 센서별로 인지 처리를 진행한 후에 통합 판단하는 시스템으로 발전했다.

03-15

보행자를 인식하는 화상처리 기술

일단 보행자는 무조건 인지하고 회피해야 한다

자율주행 시스템에서 길을 걸어가는 보행자는 가장 확실히 감지해야 하는 주요 대상이다. 그러나 보행자는 촬영 방향, 체격 차이, 복장, 헤어 스타일, 자세, 어떤 물건을 들고 가는지 등에 따라서 외관이 크게 다를 수 있다. 또한 인도 주변의 배경도 도로에 비해 복잡하므로 카메라 영상에서 보행자만 검출하는 것은 쉽지 않다.

단순하게 보면 사람은 대체로 원형의 머리와 사다리꼴 형태의 몸통에 두 팔과 다리가 뻗은 형태로 구성된다. 각각의 위치 관계나 크기 비율을 기준으로 템플릿처럼 이미지에서 맞아떨어지는 형태를 찾아 인식할 수 있다. 이를 위해 영상 내 픽셀들의 밝기 변화 패턴을 비교 분석하는 HOG(Histogram of Oriented Gradients) 기법을 많이 이용한다. 대략적인 형상으로 보행자로 예상되는 이미지를 샘플링한 이후에 픽셀별로 밝기 변화 패턴을 조사하고, 기존 데이터와 비교 분석해서 사람을 판정한다.

판정의 정확도를 높이려면, 대조해 볼 수 있는 다양한 표본 데이터가 필요하다. 자율주행 시스템은 딥러닝에 기반한 학습 과정을 거치면서 보행자 이미지를 나이, 자세 등으로 세분화해서 통계 처리한다. 이렇게 유형별로 대표 학습 데이터베이스를 구축하면, 시스템 성능에 최적화하면서도 보행자를 빠르게 검출할 수 있다.

보행자 인식 기술은 보안 기술이나 감시 카메라 분석 등 응용 범위도 넓어서 관련 연구가 활발히 진행 중이다. 최근에는 보행자의 존재뿐 아니라 자세와 시선 등을 기반으로 움직임까지 예측하는 로직도 개발하고 있다. 다음 동작을 예측하면 차로로 사람이 달려드는 상황에 대비해서 차량 움직임을 효율적으로 제어할 수 있다.

보행자 인식 오류를 해결하는 방법

데이터 META 정보 세분화 : 시스템 성능에 최적화된 학습 데이터 구성

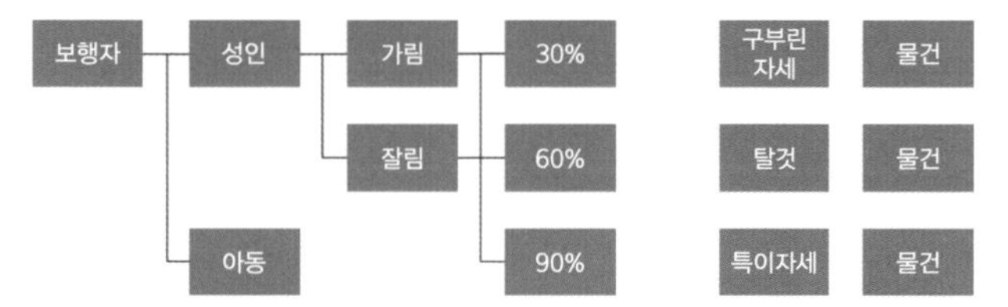

보행자에 집중해 학습하도록 Loss Function 설계 및 튜닝으로 개선

보행자 인식 오류를 줄이려면 다양한 개체와 자세, 상황을 학습해야 한다. (참고 : 현대차 개발자 포럼 자료)

보행자 자세와 이동 경로 예측

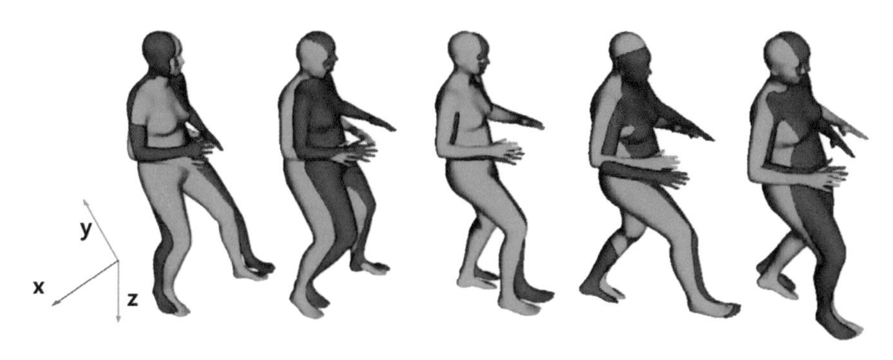

녹색이 예측한 자세, 빨간색이 데이터 세트에 포함된 참값에 해당하는 자세다. 보행자의 자세를 보고 이동 경로를 예측할 수 있다. (참고 : 대한기계공학회 학술지)

03-16

신경망을 이용해 이미지를 인식하는 CNN 학습법

특징을 추출하고 유사한 점을 묶어서 분류해 학습한다

자율주행 자동차는 찰나의 영상을 기반으로 대상을 인지하고 판단해야 하므로 사람 같은 눈치가 필요하다. 이를 위해서는 세 가지 조건을 전제해야 한다. 첫째, 대상을 세밀하고 체계적으로 분석할 수 있어야 한다. 둘째, 이를 효과적으로 분류해서 데이터베이스로 만들어야 한다. 셋째, 새로운 대상이 왔을 때 데이터베이스와 비교 분석해서 정확하게 라벨링할 수 있는 로직이 필요하다.

숫자나 글과는 달리, 영상 정보를 단순히 머신러닝하는 것은 픽셀 정보를 일렬로 나열한 데이터를 무의미하게 축적하는 일에 불과하다. 이때 대표적으로 사용되는 머신러닝 기법이 CNN(Convolutional Neural Networks)이다. 이 기술은 우리 뇌가 날개와 부리가 달린 생명체를 새라고 쉽게 구분하듯이 특정 영역의 정보를 데이터화하고, 신경망 학습을 거쳐 분류해 둔다.

CNN 학습은 레이어 3개를 이용해 이미지를 분석하고 판단한다. 가장 첫 계층인 컨볼루션 레이어(Convolutional Layer)는 이미지의 특징들을 추출한다. 그런 다음 풀링 레이어(Pooling Layer)에서 수많은 특징 중 유사한 것을 묶는다. 마지막으로 피드 포워드 레이어(Feed Forward Layer)에서 이미지 유형을 판단한다. 충분히 잘 학습된 CNN 시스템은 교통 표지판을 사람보다 높은 인식률(99.5%)로 알아본다.

결국 관건은 어떻게 더 많은 데이터를 취득하고 잘 선별해서 학습을 시키느냐에 달려 있다. 많은 자동차 회사가 이를 관철하려고 주행 중인 차량에서 나오는 정보들을 네트워크상의 클라우드로 모아서 자체 신경망 학습에 활용하고 있다.

이미지 인식의 기본 원리

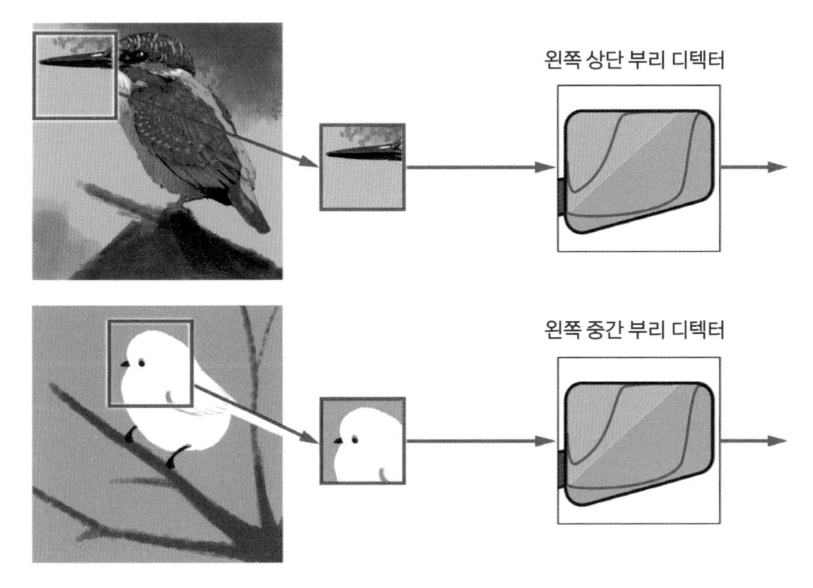

부리의 특징을 찾으면, 새라고 인식할 확률이 높아진다. (참고 : 미디어닷컴 자료)

CNN 학습의 구조

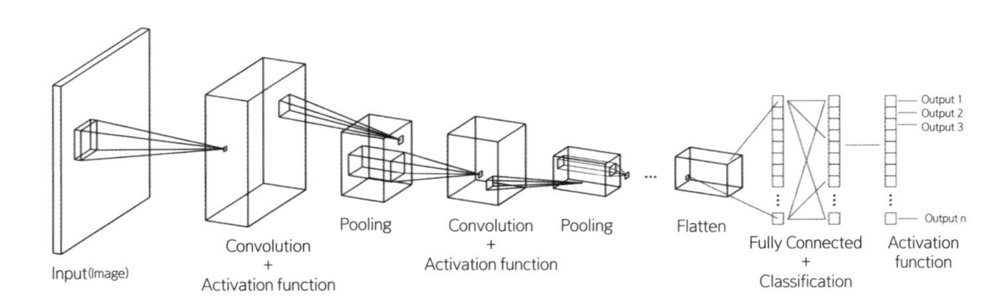

특징을 추출하고 유사점을 묶어서 분류하는 과정을 거친다. 차종, 도로 조건, 날씨 등에 따라 데이터를 선별하고 학습할수록 인지 정확도와 처리 속도가 개선된다. (참고 : 미디어닷컴 자료)

Column

라이다 센서 없이 완전 자율주행이 가능할까?

자율주행 업계에서 가장 큰 화두는 카메라와 초음파 레이더만으로 자율주행이 가능하냐는 질문이다. 거의 모든 제조사가 3단계 이상의 자율주행을 구현하려면 라이다가 필요하다고 본다. 반면, 테슬라를 이끄는 일론 머스크는 카메라만으로 5단계에 준하는 기술을 구현할 수 있다고 말한다.

사실 인공지능의 발전과 함께 카메라를 이용한 영상 인식 기술이 비약적으로 개선되면서 사고가 일어날 확률 자체는 줄어들 것이다. ADAS 기능이 일반화되면서 사망 사고 발생률이 줄어들고 있는 사실이 이를 증명한다.

그러나 운전자가 배제되는 자율주행 5단계에서는 사고가 일어날 가능성이 줄어드는 것만으로는 부족하다. 카메라 성능이 아무리 발전해도 사고율 제로를 목표로 하기에는 부족한 부분이 분명 존재한다.

이런 상황에서 테슬라는 여전히 라이다를 배제하고 있다. 정확히 말하자면 지금 테슬라는 이미 자신들이 선도하고 있는 자율주행 시장에서 남들보다 우위를 점하는 수준 정도의 자율주행을 구현하는 데 라이다가 필요 없다고 판단하고 있다. 해가 갈수록 크기가 작아지고 저렴해지는 라이다 자체의 발전 속도를 고려하면, 테슬라가 굳이 라이다를 넣지 않겠다고 고집할 필요가 없는 시기가 곧 온다. 그때가 되면 이미 본인들이 선도하는 자율주행 시장에서 없애지 못했던 마지막 위험 요소를 메우려고 주저 없이 라이다를 선택할 것이다. 최근 보도에 따르면, 테슬라가 루미나테크와 라이다 센서 공급계약을 맺었다는 소식도 들린다. 2024년 8월에 발표한다고 밝힌 로봇 택시에 어떤 센서들이 장착되는지를 보면 테슬라가 자율주행 기술을 어떤 방향으로 발전시킬지 확인할 수 있을 것이다.

PART 4

위성항법을 이용한 인지 판단 기술

04-01

위성으로 내 차의 위치를 측정하는 GPS

목적지까지 어떤 길로 갈지를 정하는 첫 번째 단계

이동에는 항상 목적지가 존재한다. 현재 위치에서 목적지까지 어떤 길로 갈지를 정하는 문제는 주행에서 빠질 수 없는 요소다. 이미 내비게이션이나 스마트폰을 이용해서 지도를 탐색하고 최적 경로를 찾아가는 기술은 보편화돼 있다. 자율주행 자동차는 지도 정보와 주변 상황을 매칭해 스스로 이동하면서 검색된 경로를 잘 따라가야 한다.

먼저 자동차 위치와 움직임을 정확히 파악하는 것이 중요하다. 대표적인 방법이 GPS(Global Positioning System)다. 약 20,200km 상공의 궤도를 따라 지구 주위를 공전하는 위성 31기를 활용해 거리를 측정하고 위치를 파악하는 방식이다.

각 위성에는 원자시계가 탑재돼 모든 위성이 동시에 전파를 송신한다. 수신기는 최소 4기의 신호를 받아서 각 원자시계의 시간 차이를 보정하고, 나머지 위성 3기의 위치와 신호 도달 시간의 차이를 분석해서 삼각측량 방법으로 위치를 계산한다.

GPS를 이용한 거리 측정의 정밀도는 10미터 내외다. 위성이 송신한 전파가 대기층을 통과하면서 왜곡되고, 높은 건물이나 산에 반사된 신호가 수신되기도 한다. 실내나 지형에 따라서 수신되는 위성의 수가 제한되면 정확도가 반감한다.

전 세계에는 미국이 주도적으로 운영하는 GPS 외에도 비슷한 시스템이 존재한다. 러시아가 운영하는 GLONASS, 유럽 연합의 Galileo, 중국의 BeiDou가 대표적이다. 이런 시스템을 글로벌 위성항법 시스템, 즉 GNSS(Global Navigation Satellite System)로 분류한다. GNSS 신호까지 수신하면 정확도는 더 올라가지만, 별도의 수신 기능을 추가해야 하기 때문에 일반적인 경로 탐색보다는 해상이나 정밀 측량에 주로 활용한다.

GPS의 원리

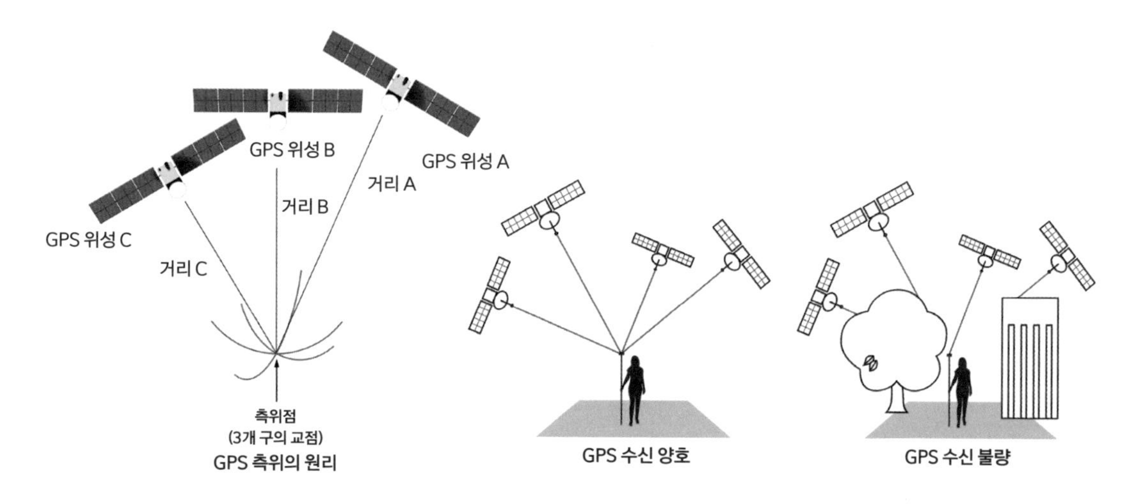

최소 4기 이상의 위성으로부터 신호를 수신해 도달 시간의 차이를 계산하고 위치를 알아낸다. (참고 : ktechno.co.kr)

글로벌 위성항법 시스템에 쓰이는 위성들의 궤도

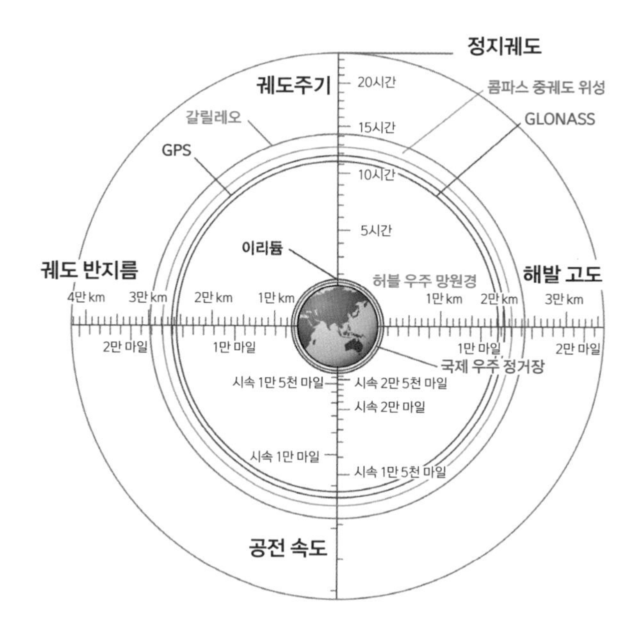

미국이 운용하는 GPS도 GNSS의 한 종류다. 다들 비슷한 궤도에서 지구 주위를 돌고 있다. (참고 : 테크월드뉴스 기사)

04-02

지역 한정 위성항법 시스템, RNSS

정밀하고 신뢰성 있는 위치 정보를 독자적으로 확보해야 한다

GPS 신호는 지구 전체를 도는 제한된 수의 위성들로부터 신호를 받다 보니, 산간 지역이나 도심의 높은 건물들에 가려지면 신호를 받을 수 없거나 반사돼서 왜곡된 값을 받기도 한다. 만약 우리 상공에서 바로 신호를 보내는 위성이 있다면 이런 문제를 해결할 수 있겠다는 생각에서 도입된 시스템이 지역 한정 위성항법 시스템인 RNSS(Regional Navigation Satellite System)다.

대표적인 예가 일본이 운영하는 QZSS다. 일본은 위성 7기를 32,000km 이상의 준청정궤도에 쏘아 올려 24시간 일본과 우리나라 상공에 신호를 송신하는 시스템을 구축했다. 궤도는 일본을 중심으로 남태평양과 호주 주변을 8자 형태로 도는데, 우리나라에서도 활용할 수 있는 궤적이다.

이 같은 위성과 지상에 있는 기지국, 기존 GPS 신호를 모두 활용하면 10미터 내외의 GPS 정밀도를 수십 센티미터 단위로 업그레이드할 수 있다. 자율주행차가 운전자 없이 안전하게 도로를 주행하려면 도로 위의 모든 객체가 통일된 좌표계에서 정밀하고 신뢰성 있는 위치 정보를 필수적으로 확보해야 한다. 따라서 그 기준이 되는 RNSS 시스템을 갖추는 것이 중요하다.

현재로서는 일본의 QZSS 신호를 한국에서 사용할 수 있어서 실제 도심에서 정밀한 위치 정보가 필요한 드론 조작이나 측량에서 많이 활용되고 있다. 그러나 이 문제는 군사적으로 민감하고, 위성항법 신호를 이용한 산업이 더 확대되고 있기에 우리나라 자체 위성항법 시스템을 갖춰 유사시에도 기존 시스템들이 유지되도록 대비해야 한다. 우리나라에서는 2035년까지 위성 8기를 쏘아 올려 한국형 위성항법 시스템(KPS)을 구축하는 계획이 진행 중이다.

RNSS를 이용한 위치 정보 보정 방법

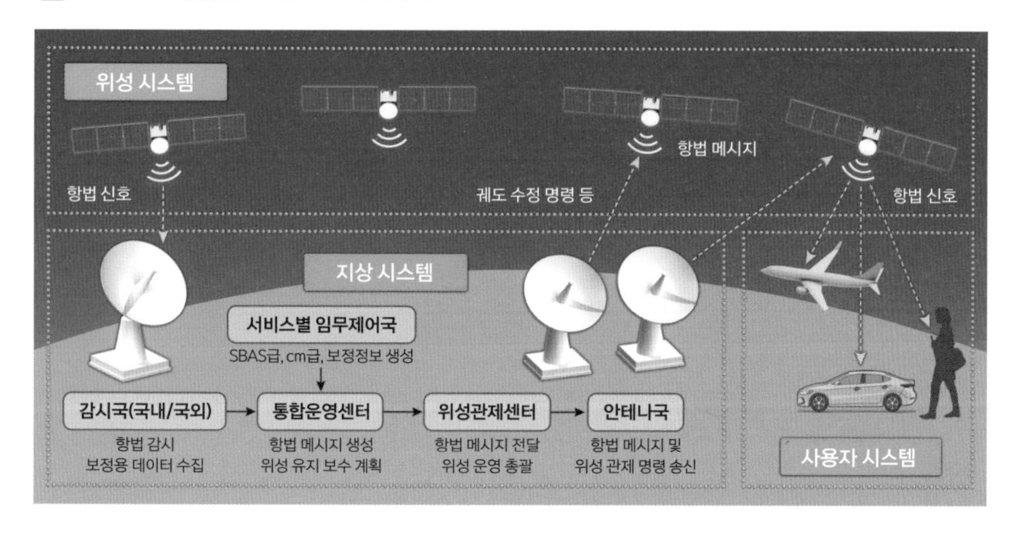

감시국과 안테나국 등 지상 센터와 긴밀한 조정을 진행해서 정밀도를 높인다. (출처 : 한국항공우주연구원 자료)

전 세계 위성항법 시스템의 현황

항법 시스템	운영 국가	위성수	위성 궤도	성능
GPS	미국	31	중궤도(MEO) 24, 정지궤도(GEO) 2	3~10m
GLONASS	러시아	24	중궤도(MEO) 24, 정지궤도(GEO) 3	5~15m
Galileo	유럽연합	22	중궤도(MEO) 24, 정지궤도(GEO) 2	1~5m
BDS	중국	34	중궤도(MEO) 35, 저궤도(LEO) 10	3~10m
QZSS	일본	7	정지궤도(GEO) 4	3~10m
NavIC	인도	7	중궤도(MEO) 7	5~10m

04-03

차량 주행거리 측정을 이용한 GPS 보정

위성 신호가 부족하면 다른 방법으로 위치를 계산한다

터널이나 도심에 들어서면 위성으로부터 오는 GPS 신호는 약해진다. 예전에는 "위치를 찾고 있습니다."라는 안내와 함께 경로 안내가 잠시 중단되기도 했지만, 최근에는 다른 신호들을 이용해서 사각 지역에서도 위치 정보를 꽤 정확히 추정할 수 있다.

차속 신호가 가장 기본이다. 바퀴에 달린 인코더를 이용해서 회전 속도를 측정한 다음, 바퀴의 직경과 회전수의 적산값을 이용해 이동한 거리를 계산하는 것이다. 확률적으로 자동차가 도로상에서 주행하면 교통 흐름을 따라가기 때문에 터널로 들어가 GPS 신호가 약해져도 일정한 차량 속도로 길을 따라서 이동했을 것이라는 가정하에 위치를 계산할 수 있다.

스마트폰은 자동차가 측정하는 차속 신호를 직접적으로 받을 수 없기에 통신망을 이용하기도 한다. 터널이나 지하의 이동통신 중계기에서 오는 신호 차이를 이용해서 GPS 신호를 대신해 위치를 추정하는 것이다. 이런 위치 정보를 기반으로 코엑스몰 지하 주차장에 비어 있는 주차 공간을 찾아주는 실내 내비게이션 서비스도 이미 상용화됐다.

이 외에도 미리 입력된 경사도에 따라서 고도가 변하는 것을 기압 변화로 측정해서 계산하기도 한다. 이렇듯 자율주행 자동차는 미리 저장된 정밀 지도를 바탕으로 위성 신호뿐 아니라 자동차 고유의 측정값과 다양한 신호를 참고해 위치 정보를 조정한다. 어디론가 가려면, 일단 내가 어디에 있는지를 아는 것이 가장 중요하다.

T-MAP의 기지국 측량

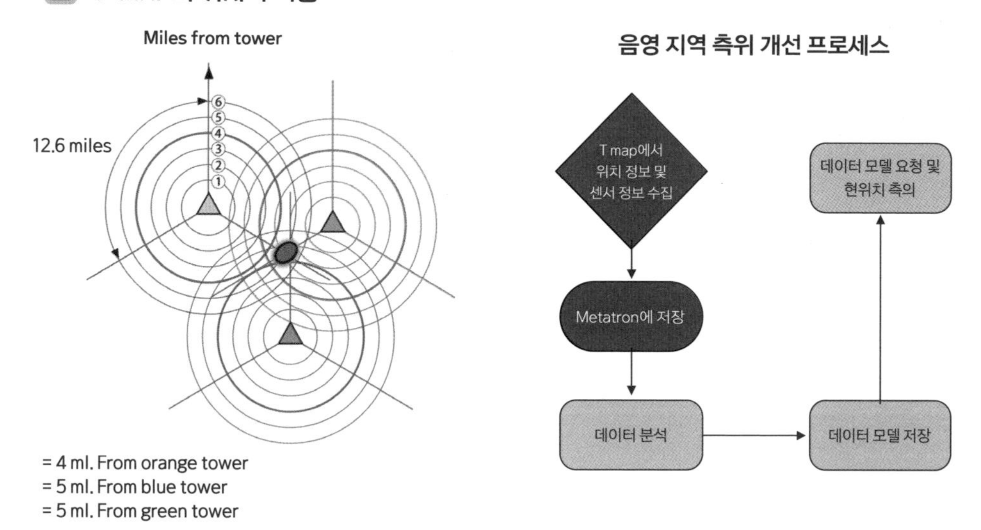

이미 알려진 기지국 위치를 기반으로 GPS 신호가 약한 지역을 보완한다. (참고 : T MAP 블로그)

바퀴 브레이크에 설치된 차속 센서

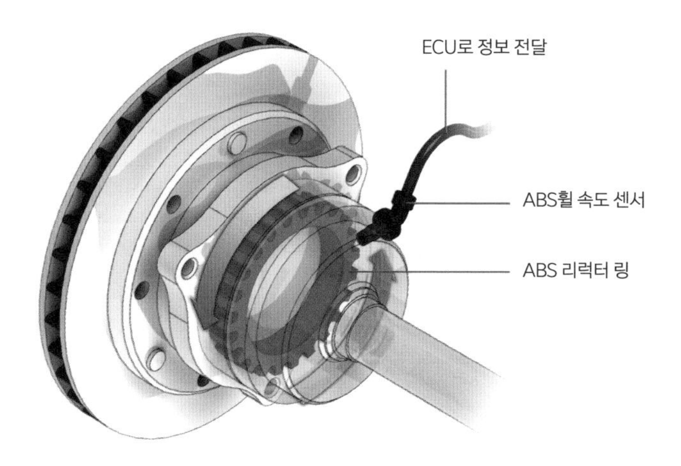

회전 속도를 측정해 차속을 산출한다. 이 정보를 이용하면 GPS 신호가 약해져도 차량 위치를 계산할 수 있다.
(참고 : apecautomotive.co.uk/techmate-guides/abs-sensors)

04-04

자동차의 움직임을 직접 측정하는 가속도 센서

가속도로 속도를, 속도로 거리를, 거리로 위치를 추정한다

자동차의 움직임이 늘 바퀴 회전과 정확히 맞물리는 것은 아니다. 눈길 같은 노면에서 바퀴가 미끄러지면 바퀴의 회전 속도와 별개로 자동차는 관성에 의해 주행한다. 특히 급브레이크를 밟아 급정지한 경우, 또는 액셀을 강하게 밟아 급가속한 경우에는 가속과 감속의 정도가 자동차의 이동에 더 중요한 요소로 작용한다.

GPS 신호나 차속 센서로는 측정되지 않는 가속 정도를 측정하려면 자동차에도 가속도 센서가 필요하다. 충돌 시에 작동하는 에어백에 부품으로 처음 적용됐지만, 이후 엔진 제어 장치나 ABS, 섀시 부품들과 연동해 자세 제어와 안락한 주행을 실현하는 데 필수 요소가 되고 있다.

초기 가속도 센서는 관성을 이용한 기계식이 주를 이뤘지만, 구조가 복잡하고 크고 무거워서 지금은 MEMS 기술을 활용한 실리콘형이 대세다. 가속 방향에 따라 흐르는 전류값이 달라지는 양상을 압전소자를 이용해 모니터링해서 X-Y-Z 세 방향에 대해 각각의 가속도를 측정한다.

가속도를 적분하면 속도가 되고, 속도를 적분하면 거리가 된다. 출발점에서 떨어진 거리와 방향을 이용해 계산하면 위성 신호가 없어도 목표 지점을 향해 갈 수 있는데, 이를 관성항법이라고 부른다. 주로 정해진 길이 없고 속도가 빠른 비행기나 미사일 제어에 쓰지만, 계속 누적해서 계산해야 하고 그때마다 조금씩 오차들이 쌓인다는 단점이 있다. 위성항법이 발달한 현대의 자율주행 자동차에서는 주로 GPS 신호의 오차를 보완하는 용도로 활용한다.

압전소자를 이용한 실리콘형 가속도 센서

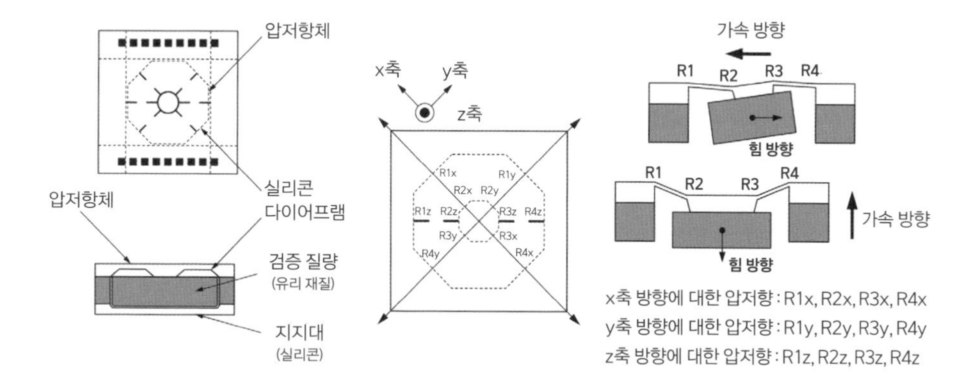

압전소자가 가속도에 따라 전류를 발생시키는 원리를 이용한다. (참고 : 해시넷 자료)

MIT에서 개발한 관성항법장치

1950년대에 MIT가 개발한 관성항법장치는 가속도계와 자이로스코프를 이용한다. (출처 : 위키백과)

04-05

자동차가 어디로 향하는지 알려주는 자이로 센서

위치도 중요하지만, 자세를 알아야 제어할 수 있다

지도상 위치는 위성 신호와 관성 정보를 이용해 계산할 수 있지만, 그 위치에서 지금 자동차가 어디로 향하고 있어서 앞으로 어디로 이동하는지는 알 수 없다. 자동차를 제어하려면 오르막인지 내리막인지, 좌우로 어느 정도 회전 중인지를 알아야 한다.

이런 방향 정보는 자이로스코프 센서로 측정한다. 팽이가 돌고 있는 동안에는 넘어지지 않는 것처럼 전향력이라고 불리는 코리올리의 힘을 이용해서 센서 본체의 회전량을 전기신호로 변환해 각속도를 검출하는 것이다. 진동 자이로 센서는 보통 T형의 구동암 2개가 겹친 형태인데, 평소에는 양쪽에 균형을 맞춰 진동하다가 회전하면 구동암에 전향력이 가해진다. 이때 고정부에서 전기신호 형태로 각속도를 검출할 수 있다.

자이로스코프 센서는 현대의 내비게이션 시스템에도 기본으로 장착돼 있다. GPS 신호를 수신할 수 없을 때, 가속도 센서 정보와 함께 추측항법으로 위치 정보를 보완하는 용도로 쓴다. 또한 차량 자세 정보를 바탕으로 차량 방향, 조향 핸들, 바퀴별 회전 속도들을 종합적으로 판단해서 ESC를 작동시켜 차량의 균형과 자세를 지키도록 도와주기도 하고, 무게중심 기울기가 위험 수준에 도달하면 엔진 출력을 줄여주는 RSC(Roll Stability Control) 기능을 활성화하기도 한다.

부피가 작은 내비게이션에는 주로 MEMS 기술을 이용한 최신 센서가 들어간다. 크기가 작아도 X-Y-Z 3축의 가속도와 회전 속도를 한꺼번에 측정할 수 있으며, 이 덕분에 스마트폰이나 조이스틱, 드론 등 다양한 분야에서 활용되고 있다. 다만 크기가 작은 만큼 정확도에는 제한이 있어 항공기나 로켓 등에 사용하기에는 무리다.

진동식 자이로 센서의 원리

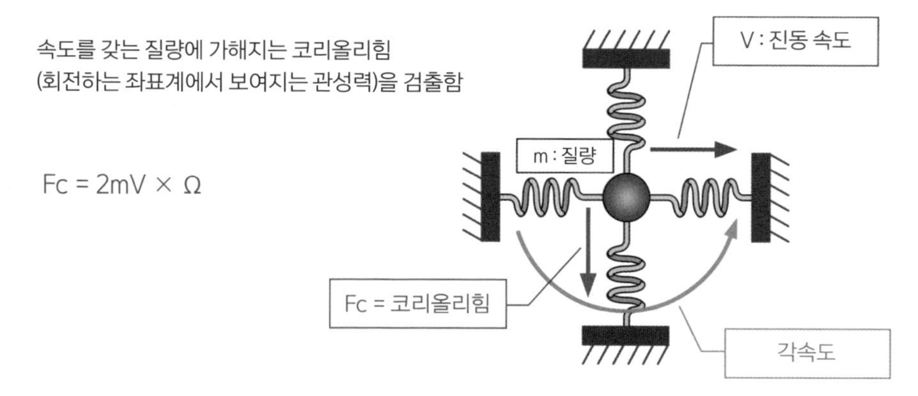

회전하면 진동의 수직 방향으로 힘을 받는다. (참고 : 테크월드뉴스)

MEMS로 구성한 가속도+자이로 센서

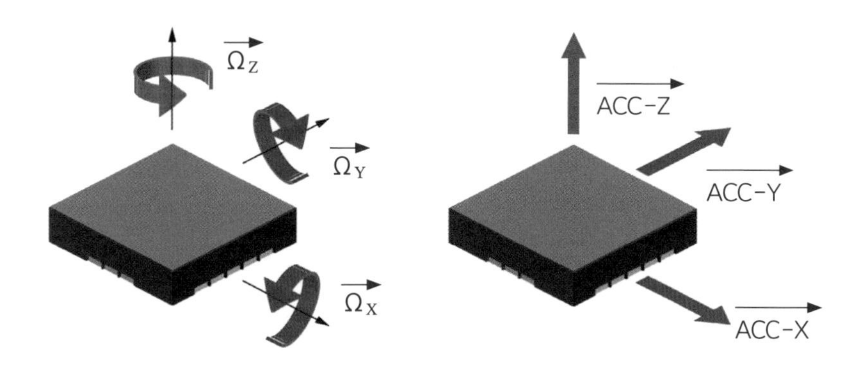

더블 T 형태의 자이로 센서를 작은 기판 형태로 만든 것이 MEMS 자이로 센서다. (참고 : autoelectronics.co.kr/article/articleView.asp?idx=1374)

04-06

단점을 서로 상쇄하는 추측항법

GPS와 차속 센서, 가속도 센서가 서로 보정한다

지금까지 위성항법과 관성항법에 대해 살펴봤다. 위성항법은 어떤 한 지점에 오차가 발생할 수 있지만, 신호가 계속 갱신되므로 누적 오차가 없다. 반대로 관성항법은 순간순간의 속도와 자세와 관련한 정보가 정확하지만, 적분하는 과정에서 시간이 경과할수록 오차가 누적되는 단점이 있다.

각각의 단점을 서로 보완하는 위치 추적을 추측항법(Dead Reckoning)이라고 부른다. 사실 추측항법은 항공기 분야에 먼저 사용된 개념이다. 지표면을 떠나 바람에 영향을 받을 수밖에 없는 하늘에서 비행기는 최종적인 위치를 관성항법, 즉 비행기 스스로가 이동한 벡터와 바람에 의해 상대적으로 이동한 벡터를 합쳐서 추측하는 방식을 사용했다. 자동차에서는 바람 대신 GPS 신호로 대체된 셈이다.

원리는 간단하다. 어느 쪽이든 신뢰도가 높은 데이터를 따른다. GPS 신호가 부족하면 관성항법으로 얻은 정보로 위치를 추측하다가 GPS 신호의 정확도가 회복되면 오차를 보정한다.

고속도로 분기점에서 위치만으로 어느 쪽 출구로 나가는지 명확하지 않으면, 관성항법의 차량 진행 방향 정보를 우선시해서 경로를 추측한다. 순간적인 가속 시에는 관성항법의 정보를 기본으로 표시하고, GPS 위치 정보의 변화로 보정한다.

자신의 움직임과 상대적인 위치 정보를 조합하는 기술은 다른 영역으로도 확대 적용할 수 있다. GPS 신호 대신에 기지국에서 오는 통신 신호를 참고해 복잡한 실내에서 위치를 정확히 파악하거나, 공장 내부의 주요 지점에 위치 신호를 송신하는 장치를 설치해 그곳을 기준으로 삼고, 로봇을 작동시키는 데 활용하기도 한다.

추측항법의 개념

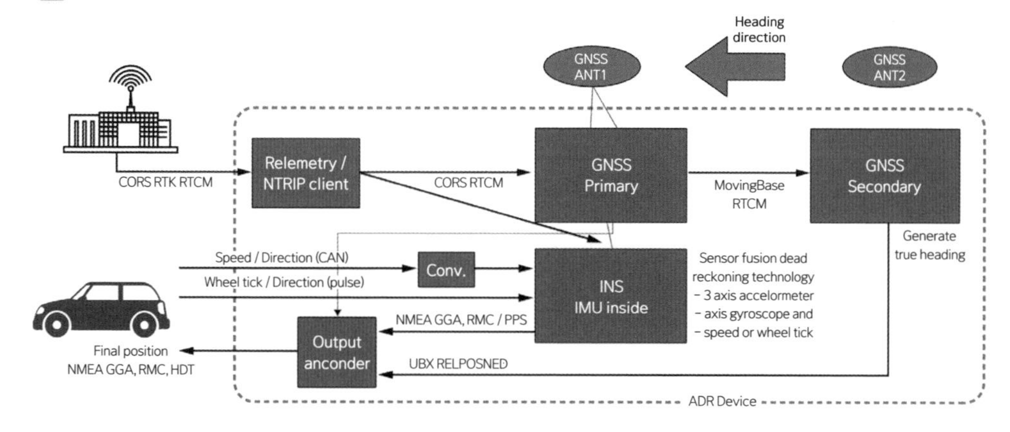

차속 센서, 자이로 센서, GPS로 위치를 추정하는 시스템이다. (참고 : 항법시스템학회 2021년 논문집)

자율주행 로봇이 활용하는 센서들

언맨드솔루션이 개발한 로봇은 참고할 수 있는 모든 신호를 받아서 위치 추정에 활용한다. (참고 : 언맨드솔루션 홈페이지)

04-07

GPS 신호로 지도상의 진짜 위치를 찾아가는 맵 매칭

가장 확률 높은 경로를 끊임없이 계산하면서 앞으로 나간다

단순한 좌표 위치보다 지도상의 어느 경로 위에 있고 어느 지점을 향해 가고 있는지를 파악하는 것이 더 중요하다. 이렇듯 GPS로 측정된 궤적을 기존 지도 정보에 맞추는 작업이 맵 매칭(map matching)이다.

내비게이션으로 확인하는 지도는 2차원 좌표로 정보를 나열하지만, 자율주행 자동차가 쓰는 지도는 교차로나 중요 지점의 위치를 나타내는 노드와 이를 연결하는 길을 나타내는 링크로 구성된 네트워크 데이터로 표현된다. GPS 신호와 가장 가까운 링크에 바로 수선을 내려서 그 길에 있다고 투영하면 간단하다. 하지만 자동차는 빠르게 이동하고, 측정 신호는 늘 왜곡돼서 실제 데이터가 깔끔한 경우는 거의 없다.

실제 움직임과 관찰값의 오차를 분석해서 자동차가 이동하는 경로를 추정하는 과정은 보통 3단계를 거친다. 일단 측정된 신호를 이용해 자동차가 지나갔을 법한 교차로 같은 노드의 후보군을 찾는다. 그리고 그 노드들을 이은 링크들과 궤적의 위치를 비교해서 노드와 링크로 이어진 다양한 경로를 추측한다. 마지막으로 후보들 중에서 가장 거리가 가깝고, 이동 속도가 일치하는 경로를 추정한다.

결국 화면에 표시된 현재 위치는 다양한 후보 경로 중에 가장 확률이 높다고 계산된 위치다. 이동 중 업데이트하는 과정에서 확률이 떨어지는 이전 추측 경로들은 탈락하지만, 대안 경로들은 계속 추적 계산한다. 그러다가 추가 정보 때문에 확률이 바뀌면, 경로가 갈라진 분기점으로 돌아가 새로운 링크와 노드로 업데이트한다. 고속도로에서 분기점을 잘못 들었을 때, 다시 경로를 조정하고 도착 시간을 재계산하는 일은 이런 경로 추적 맵 매칭으로 가능하다.

GPS 신호와 맵 매칭 포인트

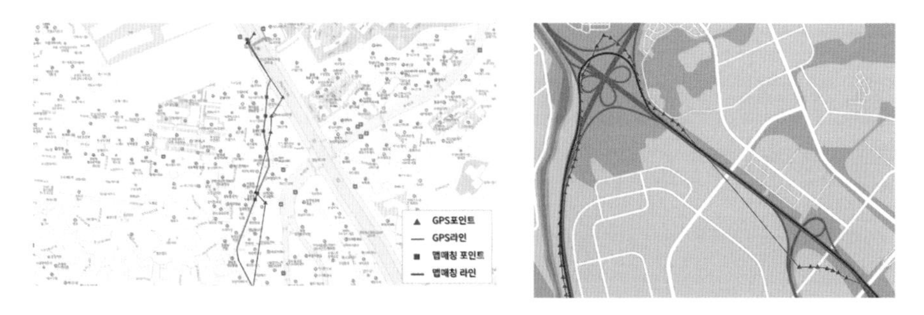

신호 주변의 노드와 링크를 찾아 경로로 파악한다. (출처 : 카카오모빌리티 자료)

노드와 링크로 경로 추정하기

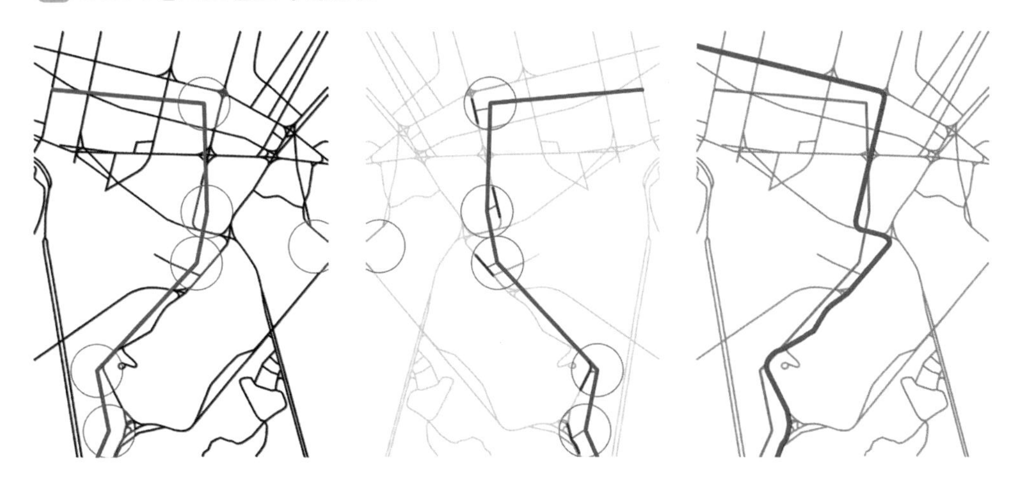

1. 가장 근처에 갈 만한 노드를 찾고 2. 노드 주변에 근접한 링크(길)로 연결해서 3. 경로를 추정한다.
(참고 : vw-lab.com 자료)

04-08

이동 거리 학습을 활용한 확률적 자기 위치 찾기

신호가 업데이트될 때마다 이전 교차점을 검증한다

어떤 암 질병에 걸릴 확률이 0.1%라고 하자. 이 암을 진단하는 장비가 있어서 암에 걸린 사람에게는 99% 확률로 양성 반응을 보이고, 암에 걸리지 않은 사람에게는 1% 확률로 양성 반응을 잘못 보인다고 한다. 만일 어떤 사람이 이 장치를 이용해 양성이라는 결과를 받았다면 엄청 위험한 상황인 것 같지만, 실제 확률은 9%에 불과하다. 애초에 발병률이 0.1%이기 때문이다.

이렇게 조건부 확률을 기반으로 상황을 보면, 측정 오차에 흔들릴 가능성이 줄어든다. 이처럼 조건들을 업데이트하면서 각 모수값이 가지는 가능성의 분포를 계산하는 작업을 베이지안 추정법이라고 부른다. 들쑥날쑥한 GPS 신호를 기반으로 실제 지나고 있는 지도상의 교차로를 매칭할 때에도 적용하는데, 신호가 갱신될 때마다 지나간 노드의 가능성도 계속 갱신한다.

100미터 미만 간격으로 구성된 좁은 교차로를 자동차가 이동한다고 할 때, GPS 신호는 A/B/C 교차로 앞뒤로 불규칙하게 나타날 수 있다. 만약 단순하게 각 신호에서 가장 가까운 교차로를 따라서 노선을 그리면, A에서 C로 갔다 B로 다시 오는 것과 같은 오류도 흔히 일어날 수 있다.

이런 오류를 방지하려고 실제 머신러닝을 이용한 맵 매칭에서는 일단 GPS 신호를 기준으로 근처에 있는 교차점들을 모두 후보군으로 가정한다. 그다음 이전에 지나온 경로의 교차점으로부터 이동한 거리를 참고해서 시점별로 가장 확률이 높은 지점을 예측한다. 위치 신호가 갱신될 때마다 확률 계산을 반복하고, 현재 위치와 방금 지나온 교차점도 포함해 지금 가고 있다고 표시 중인 경로보다 높은 확률을 보이는 교차점의 조합이 나오면 경로를 재조정한다.

오류 확률과 발병률

$$\text{진짜 양성일 확률} = \frac{\text{양성이고 양성 판정이 날 확률}}{\text{양성 판정이 날 수 있는 전체 확률}}$$

$$= \frac{0.001 \times 0.99}{0.001 \times 0.99 + 0.999 \times 0.01} \fallingdotseq 0.09$$

발병이 아닐 확률이 높기에 진단율이 99%라도 실제 암에 걸렸을 확률은 생각보다 낮다.

머신러닝을 이용한 맵 매칭

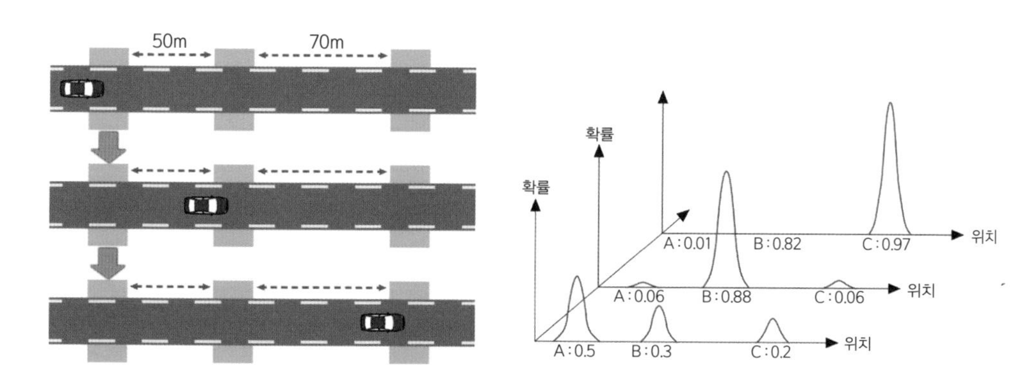

머신러닝은 어떤 일이 일어나면 조건부 확률이 달라진다는 베이지안 추정법을 이용한다. 시간이 지나면서 각 지점에 대한 확률이 변하면 이를 업데이트한다.

04-09

SLAM, 실시간 위치 추정 및 지도 재구축 시스템

길을 알아서 찾아가는 로봇처럼 센서로 본 세상과 지도를 맞춘다

내비게이션에 저장된 지도는 최신 업데이트를 한다고 해도, 지도 제작사에서 수집한 과거 정보를 기반으로 한다. 새로운 길이 날 수 있고, 이정표가 될 만한 건물이 사라질 수도 있다. 자율주행 자동차는 이를 보완하려고 SLAM(Simultaneous Localization and Mapping)을 활용한다. 각종 센서로 얻은 정보를 바탕으로 실시간으로 위치를 추정하고 지도를 재구축하는 것이다.

SLAM은 자율주행보다 로봇 분야에서 먼저 시작했다. 집 안을 청소하는 로봇 청소기는 바닥을 다니면서 자신이 갈 수 있는 집 안의 지도를 스스로 생성한다. 그리고 지도 정보를 이용해 빈틈없이 체계적으로 청소한 다음, 충전 슬롯으로 다시 돌아오는 작업까지 진행한다. 가구 배치가 바뀌어도, 중간에 예상치 못한 장애물이 있어도 문제없이 스스로 청소할 수 있다.

제한된 공간이 아닌 도로를 주행하는 자율주행 자동차에서 SLAM은 부정확한 지도를 보완하고, 특히 진행 방향을 보정하는 역할을 한다. 카메라와 라이다 같은 센서들로부터 주변 상황에 대한 정보를 취합해서 가상의 3D Map을 구성한 뒤에 이를 지도상의 정보와 맞춰본다. 위치뿐 아니라 방향도 3D Point를 맞춰보면서 조정한다.

마치 관광지에서 우리가 지도를 보면서 랜드마크를 찾아 위치를 파악한 후, 목적지로 향하는 길을 찾는 것과 같은 원리다. GPS 신호와 데이터상의 지도 정보들은 센서를 통해 실시간으로 들어오는 영상 정보를 이용해 최종적으로 확인하고 보정한다. 그리고 재구축된 지도의 특징들은 데이터베이스에 있는 지도 정보를 업데이트하는 데에도 활용할 수 있다.

3차원 라이다를 사용한 SLAM

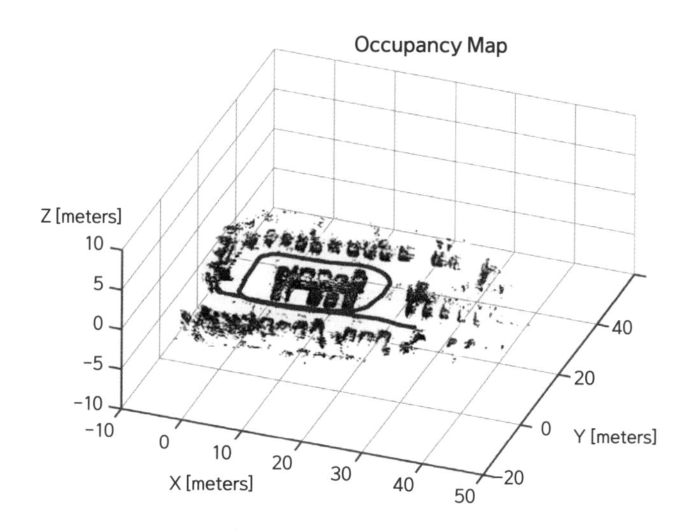

라이다 센서를 이용하면 건물 위치와 길에 관련한 정보를 실측해서 확인할 수 있다. (참고 : kr.mathworks.com/discovery/slam.html)

3D Map과 지도를 매칭하는 법

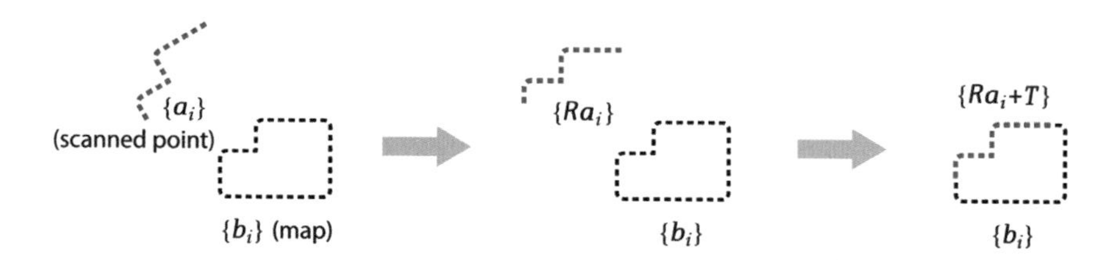

특징적인 부분들을 매칭해서 어긋난 위치와 방향을 조정한다. (참고 : velog.io/@spiraline/SLAM1)

04-10

고정밀 3차원 지도

자율주행 자동차는 더 정밀한 지도가 필요하다

사람이 직접 운전할 때 내비게이션 지도는 주로 참고용이다. 그래서 목적지, 이동 경로, 교통량, 차선과 방향 안내를 2차원 지도로 표시해 주지만, 다른 차와 사람을 하나하나 구분하고 움직임을 추적하면서 주변 건물과 지형지물을 세밀하게 알 필요는 없다.

자율주행 자동차라면 얘기가 달라진다. 이 정도 지도만으로는 부족하다. 자율주행 자동차에 탑재된 소프트웨어와 센서만으로도 운전할 수 있겠지만, 주변 환경 인식을 센서에만 의존해야 하므로 컴퓨팅 자원이 소모될 수밖에 없다. 사람이 눈과 귀로 쉽게 판단할 수 있는 정보들, 예를 들어 자동차가 지금 달리는 차선, 주변 물체의 위치와 크기와 형태, 움직임, 신호등과 교통 표지판 등을 미리 확인해서 수 센티미터 단위로 알려주는 고정밀 3차원 지도가 필요하다.

고정밀 3차원 지도는 현실의 도로, 건물, 물체를 가상 세계에 그대로 복제하고 실시간으로 업데이트하는 디지털 트윈 기술을 이용해 만드는데, 사람보다는 인공지능에 유용한 정보로 채워진다. 우리나라에서는 모바일 내비게이션 서비스를 제공하는 네이버와 카카오를 중심으로 이 같은 작업이 진행 중이다. 항공사진을 분석해서 로드 레이아웃을 구성하고, MMS 차량으로 직접 수집한 정보를 모아 3차원으로 구성한다.

이미 서울과 판교, 세종시는 초정밀 3D 모델링을 마치고, 이를 이용한 자율주행 차량이 시범 운행 중이다. 단순한 지도 정보뿐 아니라 교통신호 운행 시스템이나 기상 상황, 교통 유동량 측정 데이터 등과 연동되면, V2X(Vehicle-to-Everything, 차량과 그 외 사물을 연결하는 무선 기술)를 활용해서 최적화한 교통 통제와 경로 탐색이 고정밀 지도라는 플랫폼에서 가능해질 것이다.

네이버랩스의 측위 기술

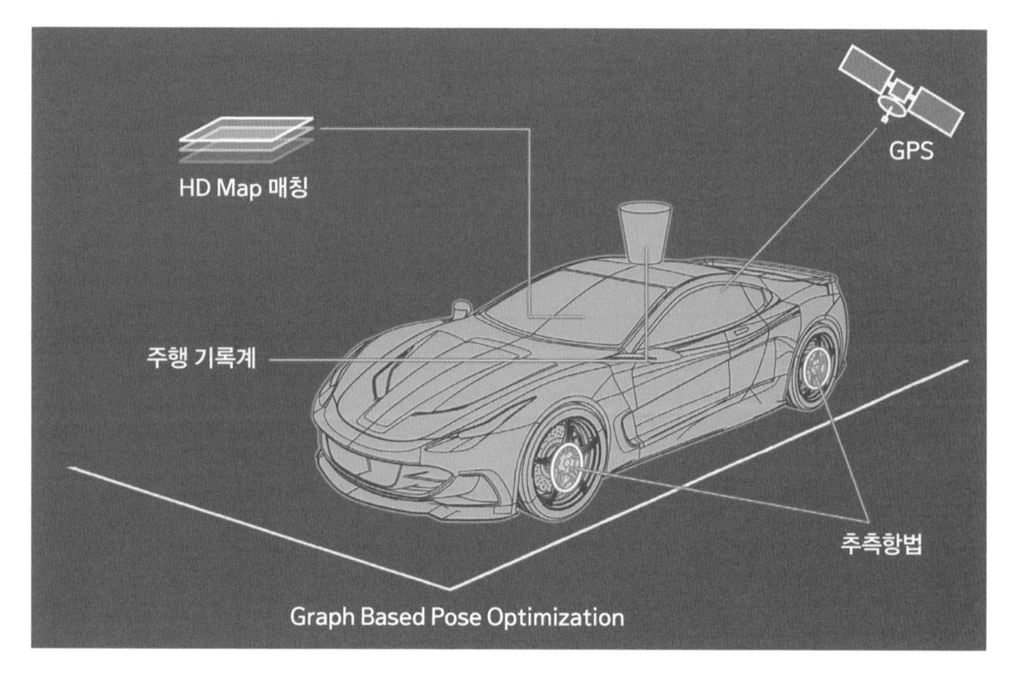

자율주행을 위한 측위 기술들. 고정밀 지도(HD MAP)는 이 기술로 수집한 모든 정보를 모아서 서로 확인하는 베이스 플랫폼이다.

하이브리드 HD 매칭

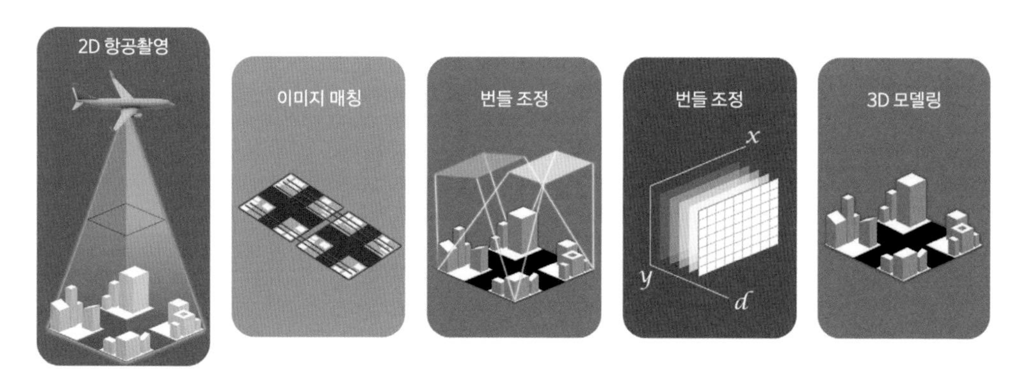

항공사진을 분석해서 로드 레이아웃(Road Layout)을 구성하고, MMS(Mobile Mapping System) 차량으로 정보를 모아 3차원으로 구성한다.

04-11

다익스트라 알고리즘을 이용한 최단 거리 탐색

거리뿐 아니라 다양한 조건에 따라 최적 경로를 찾아준다

위치를 파악하면 지도상의 수많은 교차점 중에 목적지로 가는 최적 경로를 검색해야 한다. 예를 들어 옆 그림의 0번에서 시작해서 4번으로 가려고 한다면 사람은 직관적으로 경우의 수를 시뮬레이션해서 1-3-6-5의 과정을 거치면 최단 거리로 갈 수 있다는 것을 계산할 수 있다. 이런 계산 과정을 컴퓨터가 할 수 있도록 하는 로직이 다익스트라(데이크스트라) 알고리즘이다.

다익스트라 알고리즘은 지점별로 출발점에서 그 점까지 오는 최단 거리를 순차적으로 하나씩 계산한다. 제일 먼저 출발점 0번에서 연결된 세 점, 즉 1/2/5번 노드까지의 거리를 비교해서 가장 짧은 노드값을 확정한다.(1번 노드-거리 7) 그리고 앞서 확정한 0-1 조합을 새로운 출발 조합이라고 두고, 거기에서 새로운 연결을 계산한다. 2번 노드의 경우 원래 거리가 9인데 1번을 거쳐 가는 거리는 10이므로, 그대로 9다.

같은 방식으로 아직 방문하지 않은 정점들 중 거리가 가장 짧은 정점을 하나 선택해 방문하고, 해당 정점에 인접하고 아직 방문하지 않은 정점들의 거리를 갱신해서 그중 가장 짧은 거리를 계속 업데이트한다. 이런 방식으로 진행하면, 노드별로 최단 거리가 계산되고, 목적지에 도달할 수 있는 최적 경로를 쉽게 찾아낼 수 있다.

기준이 되는 물리량을 거리가 아니라 속도를 반영한 소요 시간이나 톨비, 탄소 배출량 등으로 설정하면 최단 시간, 최적 연비 경로를 찾을 수 있다. 같은 거리라도 고속도로에 가중치를 두거나, 구간 정체 정도를 팩터로 설정하면 '고속도로 우선' '편한 운전 경로' 같은 안내도 가능하다. 그리고 중간 단계에 미리 계산해 두기 때문에 경로를 이탈해도 빠르게 재탐색할 수 있는 장점이 있다.

다익스트라 알고리즘을 이용한 경로 찾기 예제

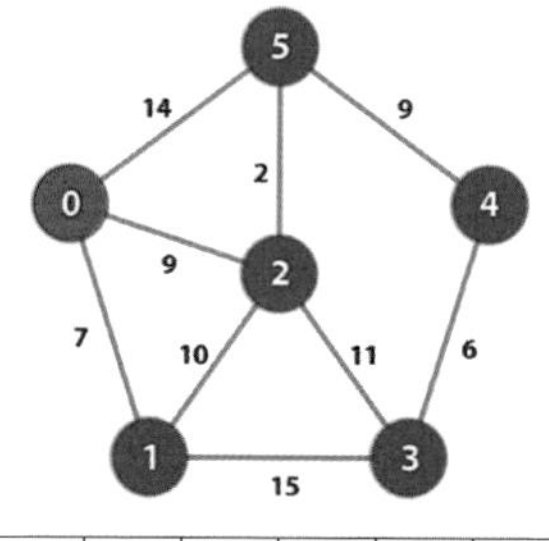

0	1	2	3	4	5
0	∞	∞	∞	∞	∞

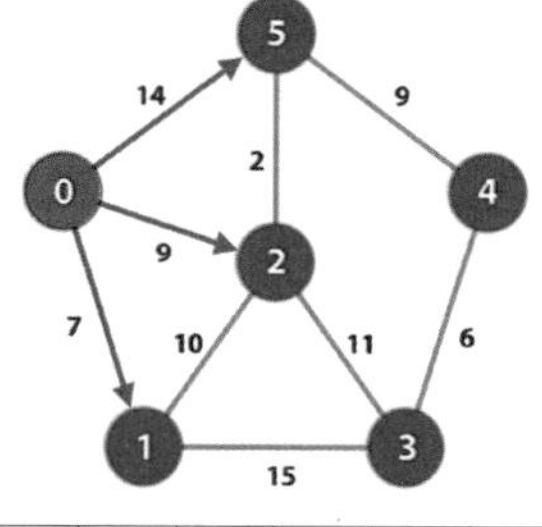

0	1	2	3	4	5
0	7	9	∞	∞	14

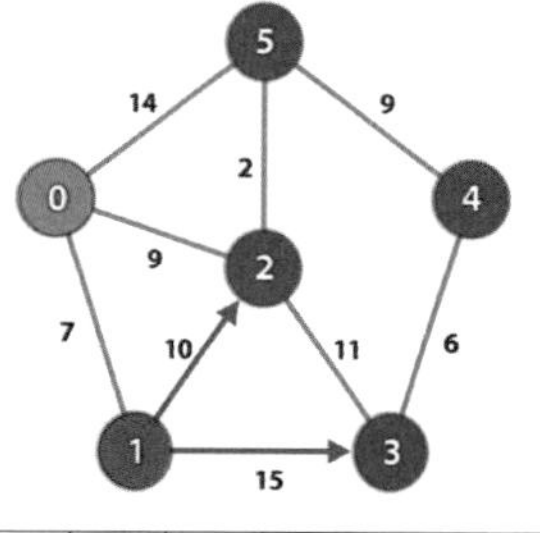

0	1	2	3	4	5
0	7	9	22	∞	14

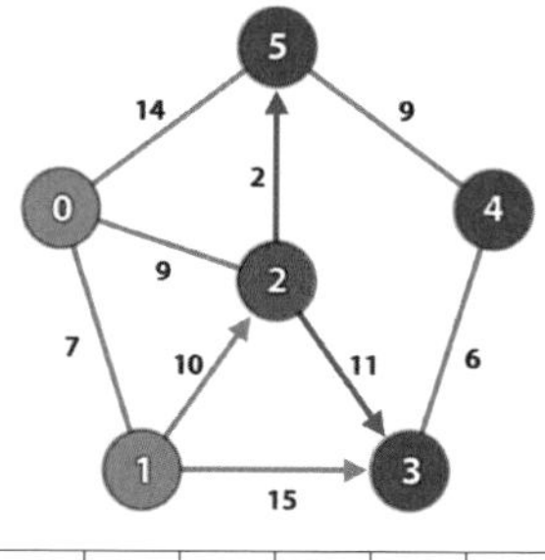

0	1	2	3	4	5
0	7	9	20	∞	11

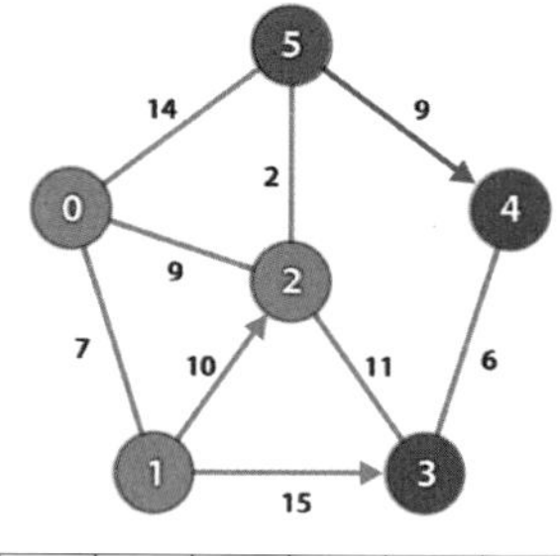

0	1	2	3	4	5
0	7	9	20	20	11

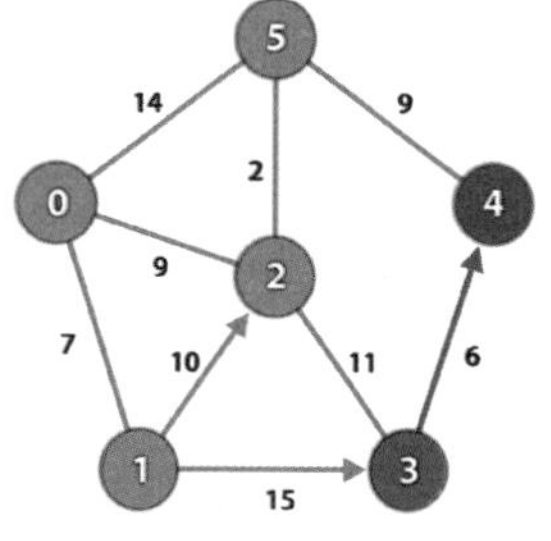

0	1	2	3	4	5
0	7	9	20	20	11

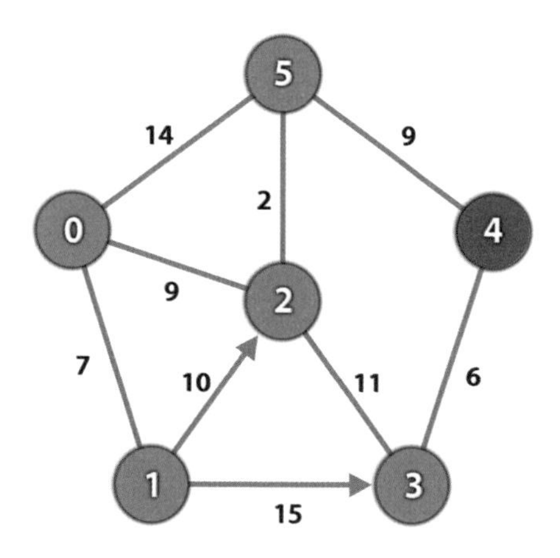

0	1	2	3	4	5
0	7	9	20	20	11

방문하지 않는 노드들을 하나씩 늘려가면서 최단 거리를 업데이트한다.

04-12

지도상에 없는 경로를 찾아가는 Q 학습 로직

로봇처럼 시행착오를 거치면서 더 똑똑해진다

다익스트라 알고리즘은 교차점들과 그 사이의 정보가 제대로 갖춰져 있으면 최단 경로를 찾는 가장 논리적인 방법이다. 그러나 자동차 주변의 정보가 명확하지 않거나 지도에 표시되지 않는 장애물이 감지된다면 다른 해법이 필요하다. 미로에서 길을 찾는 로봇처럼 주변 상황을 시행착오를 거쳐 학습하면서 최단 거리 경로를 찾아가는 Q 학습 로직이 대표적인 대안이다.

Q 학습에서는 2차원 면에 있는 지점들을 모두 이동할 수 있는 경로 후보로 본다. 대신 차가 가지 못하는 지점에는 페널티로 -1을 배정하고, 일반 경로에는 +1을, 최종 목표 지점에는 가장 큰 100을 부여한다. 이런 조건하에서 출발점부터 동서남북 랜덤으로 포인트를 1씩 쓰면서 한 번씩 움직여 목적지에 도달했을 때까지의 점수를 지나온 경로에 부여하는 식으로 학습한다.

이런 시뮬레이션을 1,000번 정도 진행해서 평균을 내면, 자동차가 갈 수 없는 지점의 점수는 낮아진다. 목적지에 가까운 지점일수록 점수가 높고, 적은 횟수로 목적지에 도달할 수 있는 경로상의 지점들이 주변보다 더 높은 기대 점수가 나온다. 이를 따라가면 최적 경로를 쉽게 예측할 수 있다.

Q 학습은 지도가 아닌 실제 도로 위를 움직이는 차량들의 이동 특징을 반영할 수 있다는 장점이 있다. 길이 뚫려 있지만 진입로가 막혀서 지나가는 데 오래 걸리는 상황을 흔히 볼 수 있는데, TMAP 같은 서비스는 막대한 사용자 정보를 학습해서 실제 걸리는 시간을 더 정확히 예상한다. 테슬라의 오토파일럿 기능도 같은 코스를 반복적으로 주행하다 보면 언제 차선을 바꾸고, 어디서 속도를 낮춰 진입하는지 학습한다. 이 모두가 경로를 세분화하면서 강화학습한 결과다.

미로 찾기와 비슷한 Q 학습 로직

EXIT

91 100 EXIT

83

75

68

56 62

미로에서 길을 찾는 방법은 하나다. 직접 가보는 수밖에 없다. (참고 : medium.com/@JerryQu)

테슬라 오토파일럿의 UI

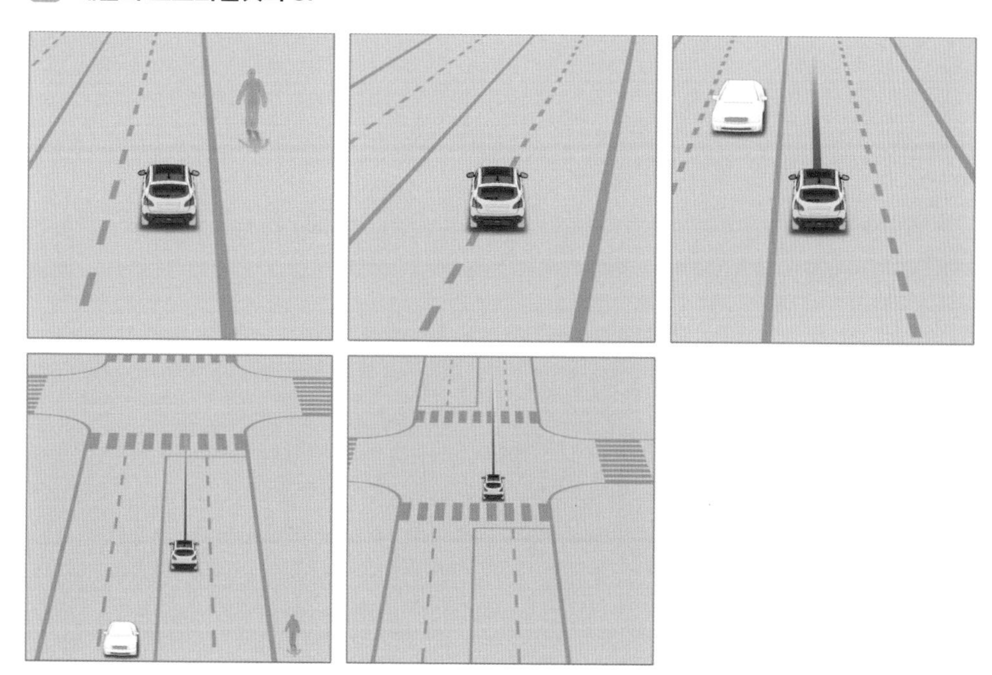

다음 경로로 이동하려고 차선을 변경하는 일은 단순히 경로 탐색만으로 알 수 없다.

04-13

심층 강화학습으로 사람을 닮아가는 자율주행

적절한 보상을 거울삼아 스스로 모델을 찾아간다

실패는 성공의 어머니라는 말이 있다. 결과에 상관없이 지난날의 경험을 학습해서 다음에는 더 나은 결정을 할 수 있다. 인공지능 개발에 이용되는 강화학습도 같은 원리를 이용한다.

바둑에서 이세돌을 이긴 알파고나 인간 언어를 자연스럽게 구사하는 챗GPT 모두 강화학습을 이용했다. 고양이와 개 사진을 보여주고 바로 답을 알려주면서 학습시키는 지도학습과는 달리, 강화학습은 에이전트가 환경에 대한 반응을 보일 때마다 목적에 부합하는 정도에 따라서 보상을 준다. 이런 과정을 반복하면 인공지능은 학습된 정보를 참고해서 빠르게 최적의 수를 찾아낸다.

그러나 GPS 신호, 교통정보, 관성 데이터, 지도 데이터, 화상 정보 등 여러 조건이 복잡해지면, 단순히 강화학습만으로는 한계가 드러난다. 기존 모델로는 복잡한 변수들의 연관관계를 정할 수 없기에 아예 참조할 모델을 새롭게 만드는 작업부터 진행한다. Model Free 상태에서 Action과 Reward를 주고받고 그때마다 변수 관계가 어떤지도 알아가면서, 그 사이에 숨어 있는 Policy도 제안한다. 동시에 보상이 큰 쪽으로 보정도 진행한다. 데이터가 쌓일수록 모델의 정확도가 올라가고 계산은 더 빨라진다. 바로 딥러닝(심층학습) 방식이다.

자율주행 자동차가 안전하게 주행하려면 장애물의 위치, 자신의 자세 및 속도, 주변 다른 자동차의 움직임 예측, 보행자의 궤적 등 주변 환경과 상황을 종합적으로 고려해야 한다. 테슬라는 차선 유지, 추월, 양보, 차선 변경, 교차로 회전, 긴급 제동 등과 관련한 우선순위를 결정하는 작업을 잘하려고 일반 운전자의 데이터까지도 강화학습에 이용해 모델을 발전시키고 있다.

강화학습의 원리

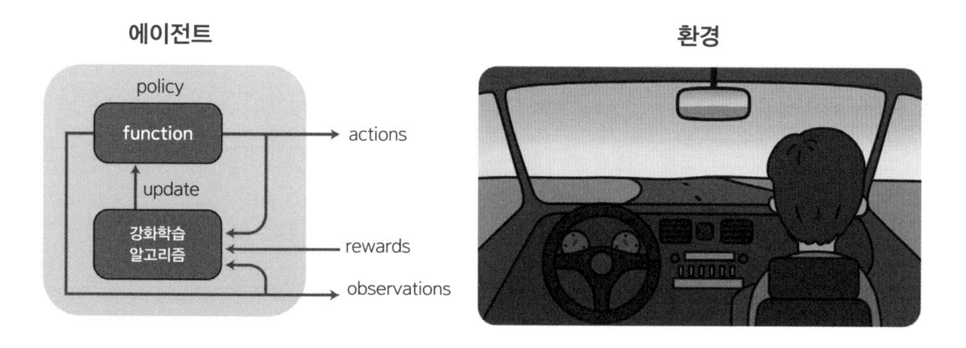

에이전트에 지시를 내리고, 적절한 보상을 주면서 학습시킨다. (참고 : csi-vision.com/ai2)

딥러닝의 원리

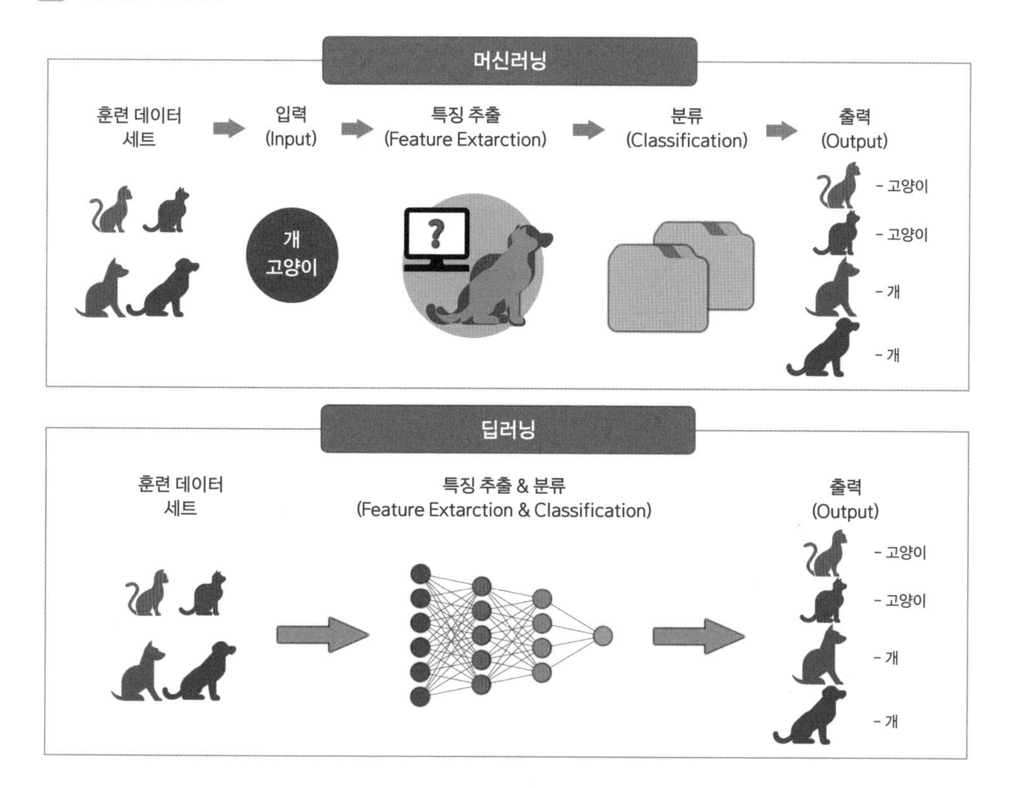

변수들이 복잡해질수록 심층학습, 즉 딥러닝으로 모델을 직접 추출하는 것이 유리하다. (참고 : codestates.com)

04-14

병렬 계산으로 수많은 신호를 처리하는 GPU

자율주행 기술이 발달할수록 시장 수요가 급증할 것이다

앞서 살펴본 강화학습은 다양한 자료들을 빠르고 간단히 분류해서 시뮬레이션하고 보상을 확인하는 작업을 반복해야 한다. 전체 에이전트가 하는 작업은 복잡한 일이지만, 학습 과정은 복잡하다기보다 동시에 처리할 일이 많은 상황이다. 그런 병렬 계산에 적합한 프로세서로 최근 주목받고 있는 것이 바로 그래픽을 처리하려고 개발한 GPU다.

컴퓨터의 두뇌에 해당하는 CPU는 입출력장치, 기억장치, 연산장치 같은 리소스를 이용하는 중앙처리장치다. 알고리즘에 따라 다음 행동을 결정하고, 멀티태스킹을 위해 나눈 작업에 우선순위를 지정해 전환하며 전체를 지휘하는 역할을 수행한다.

이에 비해 GPU는 모니터 화면의 각 픽셀로 이뤄진 영상을 처리하는 용도로 개발됐다. 그래서 CPU에 비해 반복적이고 비슷한 연산을(다만 연산해야 할 양이 많다.) 병렬로 나눠 작업하는 데 특화돼 있다. CPU가 대형 트럭이라면 GPU는 손수레가 한 부대 있는 셈이다.

CPU와 GPU는 서로 보완하면서 작동한다. CPU가 인간의 좌뇌처럼 사고와 논리적인 판단을 한다면, GPU는 우뇌처럼 감각 경험을 처리해서 CPU가 바른 결정을 할 수 있도록 돕는다. 자율주행 기술이 발달할수록 처리해야 할 센서 데이터의 용량은 기하급수적으로 늘어날 것이다. 신호를 처리하고 학습하는 단순 작업을 반복할 GPU에 대한 시장 수요가 그에 비례해서 더 늘어날 것으로 예상된다. 인텔 같은 CPU 회사들보다 NVIDA 같은 GPU 회사들의 주가가 급상승한 데는 이유가 다 있다.

CPU와 GPU의 비교

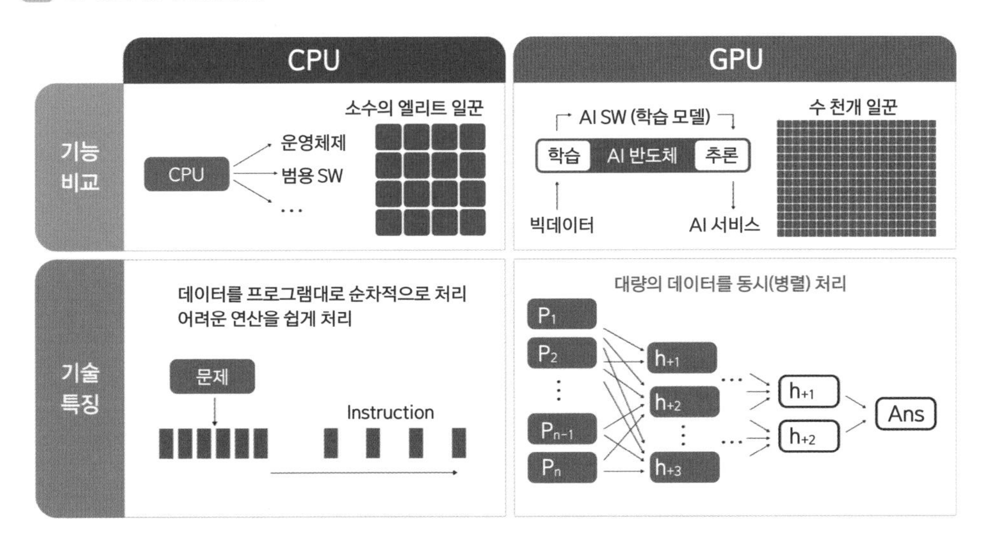

GPU는 CPU와 달리 여러 작업을 동시에 처리한다. (출처 : SK텔레콤 자료)

인텔과 엔비디아

인텔과 엔비디아는 경쟁 관계가 아니었지만, 최근에는 양상이 달라져 인텔이 GPU를 만들거나 엔비디아가 CPU를 만들기도 한다.

Column

내비게이션, 단순한 길 안내에서 벗어나다

내비게이션이 안내하는 길에 들어서면 종종 의구심이 들 때가 있다. 내비게이션을 쓰는 사람들에게 모두 똑같은 길을 안내해서 교통 정체가 생긴 게 아닌지 말이다. 결론을 이야기하자면 예전엔 그럴 수 있었지만, 지금은 아니다.

실시간 정보를 반영하지 못했던 1세대 내비게이션은 출발지부터 도착지까지의 최단 거리를 안내했다. 2세대는 최소 시간이 걸리는 길을 알려줬다. 그때만 해도 최소 시간 경로는 실시간 도로 교통 상황을 반영했지만, 구간별로 걸리는 시간을 단순 합산하는 구조라 이해 못할 안내를 하는 경우도 많았다. 회전 차선은 꽉 막혀 있어도 직진 차로가 뚫려 있으면 제대로 반영하지 못했고, 샛길이라고 들어섰다가 오가지 못하는 상황이 벌어지기도 했다.

지금은 최적길 안내를 한다. 최적길은 최단 거리와 소요 시간, 도로 등급(큰길, 샛길), 회전수, 통행 요금, 실시간 교통정보 등에 가중치를 매긴 뒤 이를 반영해 계산한다. 실시간 교통정보도 같은 구간을 가는 차량의 정보를 모아서 5분마다 반영한다. 회전 차로가 막히면 좌회전할 차량에는 막히는 길을, 직진할 차량에는 뚫린 길을 안내한다.

이런 모든 기능은 경로 데이터를 확보할 수 있어 가능해졌다. 며칠 뒤의 도착 시간을 예상하는 데는 계절, 요일, 시간대별 주요 교통 흐름, 사고 발생 확률까지 반영한다. 이용자가 반복해서 선호하는 특정 경로로 가면, 이를 안내에 반영하기도 한다. 현재는 이용하는 서비스 종류에 따라서 데이터 공유가 제한적이지만, 앞으로 V2X 통신이 활성화되면 네트워크에 연결된 모든 차량의 흐름이 공유되고 경로 안내에 반영되는 시대가 올 것이다.

PART 5

자율주행 중에 사용되는 운전자 인터페이스 기술

05-01

운전자와 소통하는 기술의 중요성

같은 차에 운전자가 두 명이 탄 셈이다

우리는 보통 대시보드의 계기판을 보면서 자동차가 어떤 상황에 있는지를 알아챈다. 차속, 엔진 rpm, 남아 있는 연료량, 헤드라이트, 방향 지시등, 각종 고장 신호 등 주행하는 데 참고하는 정보들이 기본적으로 운전자에게 제공된다. 예전과 달리 지금은 디지털화되면서 다양한 영상 정보들을 손쉽게 확인할 수 있다.

가장 대표적인 예는 카메라가 제공하는 주변 환경 정보다. 전방위 모니터로 사각지대의 영상을 바로 확인할 수 있고, 영상 여럿을 하나로 합성해서 마치 자동차 상공에서 보는 듯한 어라운드뷰도 가능하다. ADAS 기능을 수행하면서 인지한 주변 차량 정보들을 영상에 비추기도 한다. 자동차 앞 유리에 화면을 띄우는 헤드업 디스플레이(HUD)는 운전자가 전방을 주시하는 중에도 정보를 쉽게 취득할 수 있도록 도와준다.

얼핏 생각하면 자동차가 알아서 움직이는 자율주행 시대에는 운전자가 굳이 더 많은 정보를 알아야 하는지 의문이 들 수도 있다. 그러나 자율주행은 결국 운전에 관여하는 주체가 많아졌다는 것을 의미한다. 운전자 의도와 자동차 작동이 서로 불일치할 때, 사고가 날 위험은 증가할 수밖에 없다. 완전히 셔틀처럼 제어되는 레벨 5에 도달하기 전까지는 자동차와 운전자가 서로를 이해해야 하는 이유도 여기에 있다.

자율주행 기술이 발전할수록 자동차가 취득하고 분석하는 정보도 많아진다. 이를 운전자에게 투명하고 알기 쉽게 이해시켜서 시스템의 신뢰를 쌓고, 의도에 맞춘 제어를 가능하게 하는 것이 차량 휴먼 인터페이스 기술이 추구하는 방향이다. 이 기술은 탑승자 정보를 분석하고, 운전 제어권을 결정하며, 차량 내외부와 상호작용한다.

자율주행 레벨과 운전자 책임

■ 운전자가 수행 | ■ 운전자가 조건부 수행 | ■ 시스템이 수행

자율주행 레벨	특징	운전자 책임
레벨 1	운전자 보조 기능	운전자가 모든 주행 상황을 인지하고 대응해야 함
레벨 2	부분 자율주행	운전자는 비상 상황 시 대응할 수 있도록 운전대를 잡고 있어야 함
레벨 3	조건부 자율주행	특정 조건에서만 자율주행이 가능하며, 운전자는 운전대에서 손을 놓을 수 있으나 비상 상황 시 대응해야 함
레벨 4	고도 자율주행	모든 주행 상황에서 자율주행이 가능하며, 운전자는 운전대에서 손을 놓고 다른 일을 할 수 있음
레벨 5	완전 자율주행	운전자가 필요하지 않으며, 차량 스스로 모든 주행 상황을 처리함

자율주행 레벨에 따라 시스템과 운전자가 차량 주행과 관련한 책임을 나눠서 진다. (출처 : HMG 저널)

05-02

안전을 지키는 모니터링 시스템

운전자 상태를 감시하고 언제든 개입하도록 유도한다

최근 자율주행이 가능하다는 차종이 늘어나고 있지만, 아직은 2~3단계 수준에 불과하다. 완전한 자율주행이 가능한 5단계에 도달하기 전까지는 언제든 발생할 수 있는 돌발 상황에 대응할 수 있도록 운전자는 전방을 주시하고 스티어링 휠을 잡고 있어야 한다. 자율주행 기술이 보편화될수록 카메라와 각종 센서를 이용해서 운전자 상태를 모니터링하는 DMS(Driver Monitoring System)의 필요성이 더 늘어나고 있다.

일례로 차선을 유지하는 LKAS 기능이 활성화되면 자동차가 알아서 핸들을 돌려 방향을 조종하지만, 운전자 손은 항상 핸들 위에 있어야 한다. 주로 압전 센서나 핸들에 달린 토크 센서로 인지하는데, 15초 이상 손이 감지되지 않으면 일반 경고 메시지가 나오고, 30초까지는 빨간색 경고 메시지가 뜬다. 30초가 넘도록 손이 감지되지 않으면 경고음이 울리고, 1분 이상 되면 LKAS 시스템이 멈춘다.

졸음운전도 위험한 요소 중 하나다. 마치 아이폰의 페이스 아이디처럼 카메라를 이용해 운전자 얼굴을 인식하고, 안구 움직임, 눈꺼풀 위치, 시선 등을 분석해서 필요한 경고를 보낸다. 운전자가 스마트폰을 보고 있으면 전방을 주시하라고 메시지를 보낼 수도 있다. 운전자가 눈꺼풀이 자주 감기고 조는 행동을 하면, 이를 인식해서 휴식을 취하라고 하거나 안전 시스템에서 차로 전화를 걸어 잠을 깨우는 서비스도 상용화됐다.

앞으로 웨어러블 기기들과 자동차가 연동하면 심박수, 뇌파, 호흡 등 다양한 생체 정보들도 운전자 상태를 확인하는 데이터로 활용될 것이다.

항상 손을 운전대에 놓아야 작동하는 LKAS

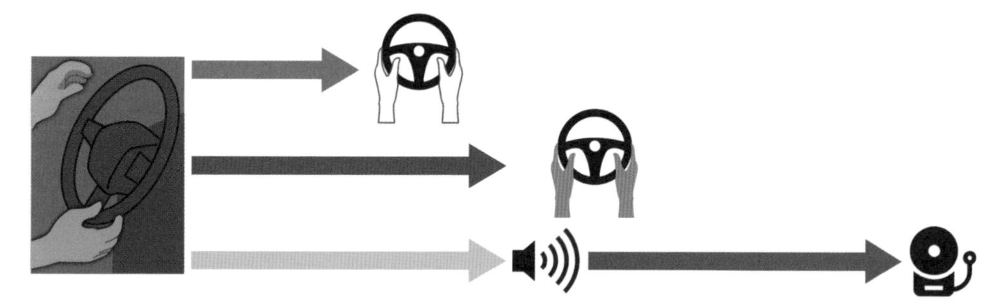

차선 유지 시스템, LKAS가 작동하는 중에는 운전자가 핸들에 손을 올려둬야 한다. 이에 관한 규정이 정해져 있다.
(참고 : 미국도로교통안전국 자료)

상용화된 운전자 모니터링 시스템

1. 운전자의 주의 수준 확인

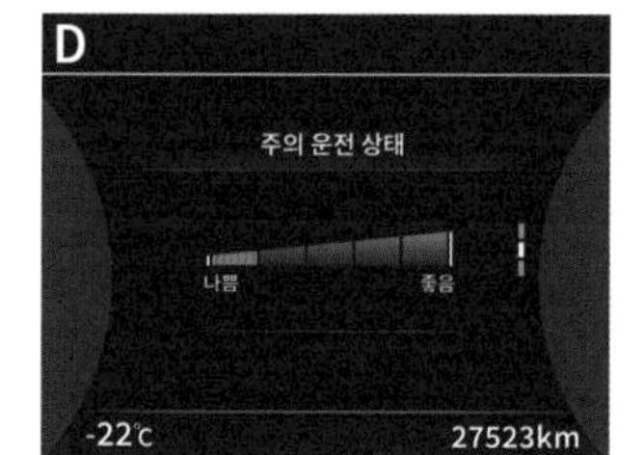

2. 계기판에 휴식 권고 메시지 표출

3. 제네시스 고객센터 상담원 연결

제네시스는 운전자 상태를 모니터링해서 휴식을 취하라는 메시지를 띄우거나 전화를 연결하는 안전 서비스를 제공한다.
(출처 : 현대차 테크 홈페이지)

05-03

운전자의 의도를 파악하는 시선 감지

마음이 가는 곳에 눈이 제일 먼저 간다

어디로 갈지 마음을 읽고 차가 알아서 움직이면 좋겠지만, 아직 마음을 알아주는 기술은 미래의 일이다. 다만, 우리가 의도하지 않아도 무의식적으로 의도가 드러나는 행동들이 있는데 대표적인 예가 시선이다. 우회전하려면 자연스럽게 사이드미러 쪽으로 눈이 가고, 후진할 때는 룸미러로 시선이 향한다. 자동차가 참고할 운전자 정보로 시선이 주목받고 있다.

시선은 어떻게 추적할까. 카메라로 촬영한 안면 화상에서 눈을 발견하고 눈시울과 눈꼬리, 눈꺼풀, 안구와 동공의 방향을 이용해 시선을 추적한다. 표정과 얼굴 각도에 따라 미묘한 차이가 있기에 여러 번 학습을 거쳐서 정확도를 높여야 한다. 각막에서 빛이 반사되는 원리를 이용해서 더 정확히 동공 위치와 시선을 추출하는 기술도 있다.

시선을 추적하면 일단 졸음은 확실히 인지할 수 있다. 전방 주시를 제대로 하지 않는 상황도 인지해서 경고할 수 있다. 경보 메시지나 내비게이션 정보를 시선이 향하는 유리창에 띄우기도 한다. 또 거울을 보면, 뒤쪽 유리창 와이퍼를 자동으로 작동시키는 기능도 추가할 수 있다. 여러 ADAS 기능에도 활용할 수 있는데, 시선이 정면이면 사각지대 위주로 정보를 제공하고, 운전자가 계기판을 보지 않는 상황에서 위험한 상황이 발생하면 우선 소리로 알려주기도 한다.

시스템이 운전자가 평소 운전할 때의 안구 움직임을 미리 학습해 두면, 운전자 의도를 미리 읽어낼 수 있다. 그러면 자율주행 모드에서도 차선을 바꿔 추월하거나 오른쪽 출구로 빠져나가는 주행도 가능하다. 더 사람같이 운전하려면 사람이 무엇을 원하는지 잘 알아채는 일이 중요한 법이다.

운전자의 시선 분포

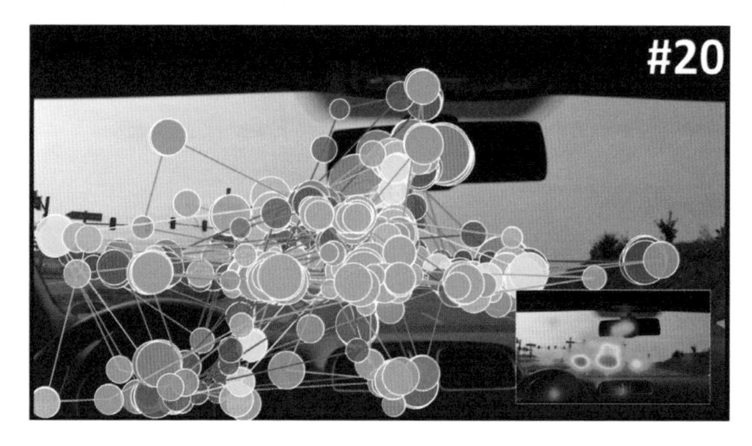

운전자의 모든 눈길에는 의도가 있다. (출처 : blickshift.com/eye-tracking-the-next-big-thing-for-automatic-driving)

운전자 시선 인식 장치

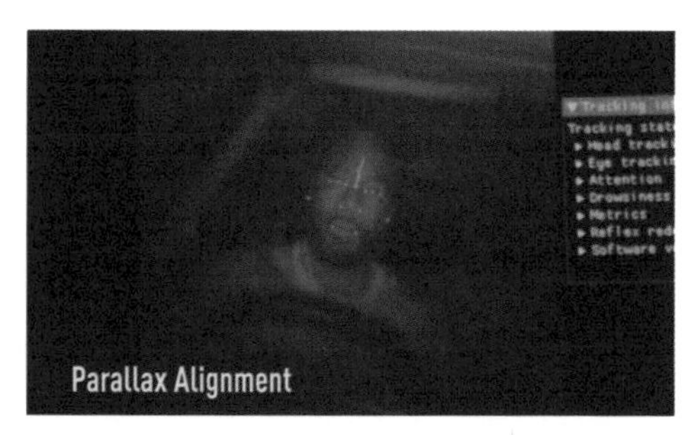

파나소닉에서 개발 중인 이 장치는 시선에 맞춰 전면 유리에 길 안내 화면을 표시해서 정보 시인성을 높인다. (출처 : 파나소닉 노스 아메리카 홈페이지)

시선 인식 로직의 적용

아이 사이트에서 개발 중인 시선 인식 로직. 정확하게 인식하려면 눈길뿐 아니라 머리 자세와 방향도 함께 인식해서 운전자 의도를 추측해야 한다.
(출처 : autoelectronics.co.kr/article/articleView.asp?idx=2377)

05-04

운전자 말을 자연스럽게 이해하는 음식 인식 기술

자동차도 사물인터넷 디바이스로서 우리말을 계속 듣고 학습한다

내가 무엇을 원하는지 컴퓨터에 전달하는 방법은 꾸준히 진화해 왔다. 키보드와 마우스를 거쳐 터치 스크린의 시대가 됐다. 그리고 이제는 고도화된 음성 인식 인터페이스가 주목을 받고 있다. 시리나 빅스비 같은 음성 인식 AI 비서들이 대표적인 예다.

안전 때문에 전방을 주시해야 하고, 되도록 핸들에서 손을 떼지 말아야 하는 자동차 운행 분야에서도 음성 인식 인터페이스 시스템이 활발히 개발 중이다. 터치나 버튼을 이용한 직접 입력 방식과는 달리 음성 인식은 사용자의 말을 바로 이해할 수 있어야 한다. 주변 소리에서 사람 말소리를 구분하고, 인식한 음성을 명령어로 정확하게 변환해야 하며, 인식한 명령어를 해당 기능과 서비스에 연결하는 작업도 해야 한다.

우리 귀에 들리는 여러 소리 중에서 사람 목소리를 추출하려면 우선 주파수 대역을 가려내야 한다. 여자 목소리는 200~250Hz, 남자 목소리는 100~150Hz 기준으로 추출하고 잡음을 제거해서 음성에 해당하는 정보만 정리한다. 그런 다음 녹음된 음성을 초당 수십 회 단위로 쪼개고, 각 파형의 특징을 수치화해 분석하기 쉽게 변환한다. 그 후에 각 데이터의 변화가 어떤 음소에 해당하는지 매칭하는 작업을 진행한다.

이렇게 소리를 대략적인 글로 변환하는 작업을 마치고 나면, 자주 사용하는 문장을 학습한 언어 모델을 기반으로 음성 인식 결과가 문맥에 맞는 단어로 매칭될 수 있도록 통계적으로 확률이 높은 결과를 구한다. 자동차도 사물 인터넷처럼 네트워크에 연결된 디바이스로서 사용자 목소리를 계속 학습한다. 익숙한 목소리가 자주 하는 명령은 더 잘 이해하고 수행한다.

음성 분석과 명령에 관여하는 인공지능

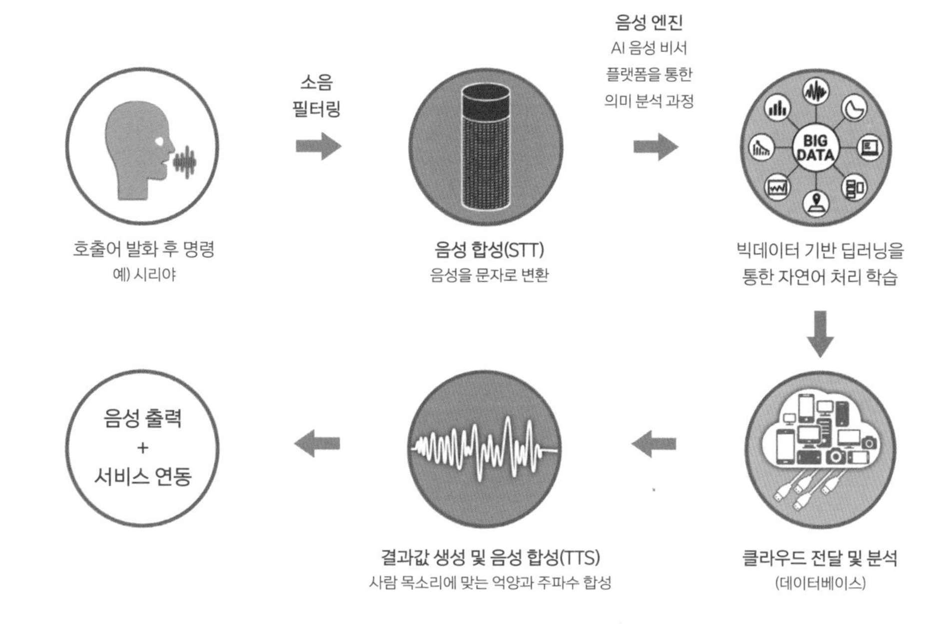

음성 인식, 자연어 처리와 분석 등 모든 작업에 인공지능이 관여한다. (참고 : 정보통신기획평가원 자료)

점점 주목받는 음성 인터페이스

스마트폰이 보편화되면서 자동차와 연동한 음성 인터페이스 시스템이 대세다. (출처 : 르노코리아 홈페이지)

05-05

자율주행 시스템의 결정을 운전자에게 설명하기

판단 근거를 납득할 수 있어야 믿고 맡길 수 있다

운전하는 과정은 수많은 결정들의 연속이다. 목적지까지 어떤 경로로 갈지, 어떤 차선으로 이동하고 속도를 줄이고 멈춰야 하는지를 주변 상황을 보면서 판단해야 한다. 자율주행 자동차는 이런 결정을 인공지능이 운전자를 대신해서 판단한다. 오랜 시간 동안 핸들을 잡고 직접 그 결정을 해왔던 운전자는 '나라면 다르게 반응했을 텐데.'라고 느끼는 순간들이 많아질수록 시스템을 향한 불신이 늘어날 수밖에 없다.

이런 상황을 해결하려면 인공지능이 판단한 이유를 정확하게 설명할 수 있어야 한다. 판단 근거와 과정을 설명할 수 있는 인공지능, X-AI(eXplainable Artificial Intelligence)가 필요한 이유다. X-AI 연구는 미국의 방위고등연구계획국(DARPA)에서 처음 시작됐으며 국방, 자율주행, 금융, 의료 등 결정에 따른 파급 효과가 큰 분야에서 시스템 신뢰도를 쌓고자 하는 노력에서 출발했다.

기존 AI는 결과만을 추출하기 때문에 사용자 입장이 수동적일 수밖에 없다. 그에 비해 X-AI는 추론한 과정을 모델화하고 설명한다. 이 덕분에 사용자가 결과를 쉽게 이해하고, 오류가 났을 때 수정도 쉽다. 주로 어떤 데이터와 변수를 기반으로 삼아, 어떤 알고리즘으로 최종 결론에 도달했는지를 설명한다.

자동차의 X-AI가 결과를 도출하면, 운전자는 인터페이스를 통해 결정 사안을 파악한다. 그리고 믿고 맡기든 개입해서 조종하든 자신의 판단에 따라 이동할 수 있다. AI와 운전자가 서로 운전대를 잡겠다고 경쟁하지 않고, 그저 안전하고 편하게 이동을 도와주는 도구로써 자율주행을 활용하려면 서로를 이해하는 것이 중요하다.

DARPA에서 시작된 X-AI 연구

X-AI는 예를 들어 사물을 고양이로 판단한 근거를 명확하게 설명할 수 있어야 한다. (출처 : DARPA)

AI와 X-AI의 차이

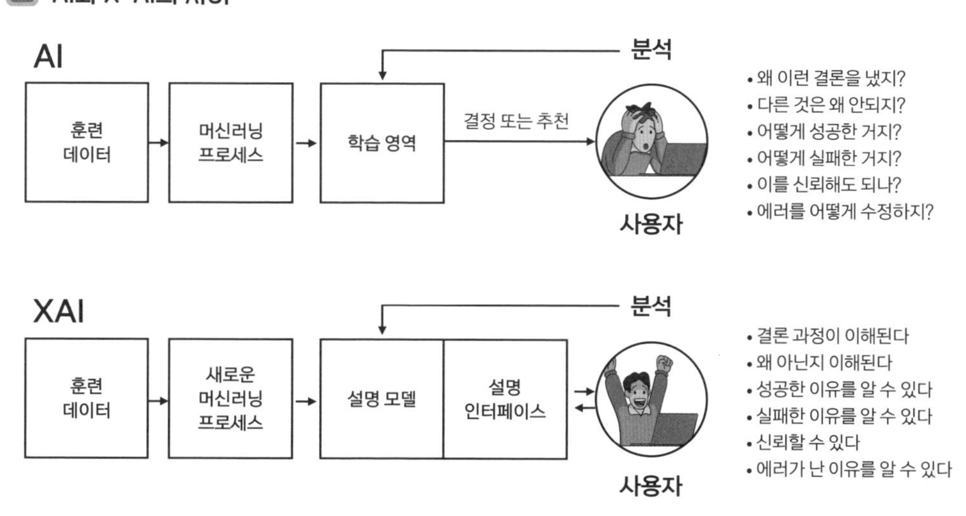

기존 AI보다 간결하게 설명하는 모델과 이를 설명하는 인터페이스가 추가된다. (출처 : ibric.org/ AI 동향 리포트)

05-06

다른 운전자나 보행자와 소통하는 기술

모두가 같은 의미로 이해하는 표준화된 소통이 필요하다

아이들이 건널목을 건널 때 손을 드는 것보다 더 중요한 일이 있다. 바로 운전자와 눈을 마주치는 행동이다. 이런 행동으로 보행자는 자신이 길을 건널 것이라는 보행 의지를 전달하고, 운전자는 그 의지를 인지했다는 신뢰를 짧은 시간에 주고받는다.

운전자가 아닌 인공지능이 주행하는 자율주행 자동차도 마찬가지다. 사고를 막으려면 운전자와 보행자와 다른 차량은 서로 소통해야 한다. 일반적인 운전자라면 회전할 때 방향 지시등을 켜고, 급정거를 할 때 비상 점멸 표시등을 켜고 전조등을 점멸해서 신호를 보낸다. 자율주행 자동차도 똑같이 이런 일을 해낸다.

소리로 전달하는 방법도 있다. 전기차나 하이브리드 차량은 저속 구간에 구동 모터가 작동하는 무소음 구간이 있다. 보행자는 차량 접근을 알아차리지 못할 수도 있으므로 차량 외부 스피커로 엔진 소음을 인위적으로 발생시켜 차량의 존재를 알리는 가상 엔진 사운드 시스템을 도입했다. 구글 웨이모는 이런 차량 외부 스피커로 "Coming Through.(지나갑니다.)"라는 메시지를 보행자에게 전달하는 특허를 출원했다.

별도 LED나 헤드램프를 이용해서 자동차가 현재 자율주행 중임을 알리는 다양한 신호를 보내고 있지만, 안전에 도움이 되는지는 연구가 더 필요하다. 아직 자율주행 자동차에 익숙하지 않은 사람들은 오히려 너무 두려워하기도 하고, 지나가도 좋다는 신호를 맹신해서 다른 차들을 의식하지 않은 채 길을 건너는 행동 패턴을 보이기도 한다. 이런 오류를 없애려고 보행자와 소통하는 데 이용하는 신호를 표준화하려는 움직임이 유럽을 중심으로 시작됐다. 새로운 시대에 맞는 새로운 약속이 필요한 셈이다.

자율주행 중임을 알리는 외부 표시 장치

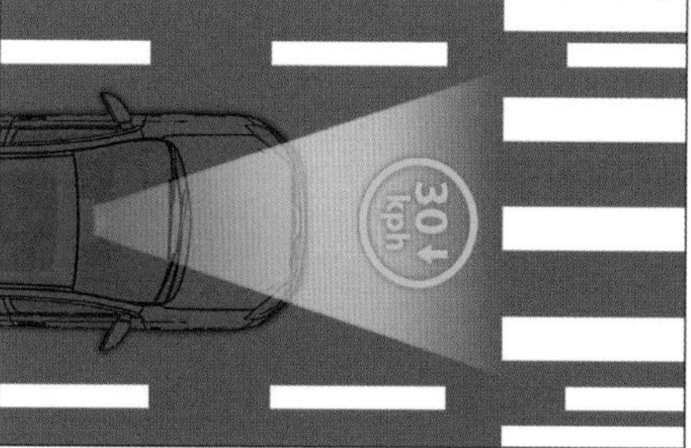

자율주행 외부 표시장치 (Makrker Lamps) **자율주행 신호장치** (Signals Lamps)

외부에 자율주행 중임을 알리는 각가지 신호 방식이 연구 중이다. (참고 : 한국교통안전공단 오토저널 23년 6월호)

GRE TF-AVSR 논의 계획

- ☐ 자율주행 자동차가 외부 신호를 적용해야 하는 시나리오를 식별해야 한다는 합의가 있는가?
- ☐ 차량이 자율 모드에 있을 때, 외부 신호가 지속적으로 표시되지 않고 관련 시나리오에서만 표시된다는 데 동의하는가?
- ☐ 어떤 시나리오에서 FRAV/GRVA가 이 외부 신호를 활성화 또는 비활성화해야 하는지가 필요하다고 생각하는가?
- ☐ 이 시나리오의 기하학적 배열은 무엇인가?
- ☐ 어느 위치에서 외부 신호를 봐야 하는가?
- ☐ 외부 신호의 조명 영역이 균일한 모양이나 크기여야 한다고 보는가?
- ☐ 외부 신호의 장착 위치가 균일하고 제한된 영역에 있어야 한다고 보는가?
- ☐ 외부 신호의 색상이 청록색이라는 데 동의하는가?

유럽연합에서 진행 중인 AVSR(Autonomous Vehicle Signaling Requirements. 자율주행 자동차 외부 신호 규정) 논의 사항들이다. 의미를 간결하면서도 정확하게 전달하려는 표준화 작업도 논의가 시작됐다.

Column

자율주행 시대에 발맞추는 새로운 법들

도로교통법은 자동차를 운전하는 사람의 행위를 규정하는 법률인 만큼 자율주행 시대에는 그에 걸맞은 형태로 변화할 필요가 있다.

먼저 안전을 지키는 선에서 자율주행 기술 개발에 필요한 조치들부터 변화해야 한다. 유엔유럽경제위원회는 자율주행 자동차의 실험에 대해, 차량을 제어할 수 있는 능력을 확보하고 그것이 가능한 상태에 있는 사람이 있다면 그 사람이 차 안에 있는지 여부를 불문하고 현행 조약하에서 시험이 가능하다고 명시하고 있다. 이 국제 규약을 바탕으로 국내에서도 현재 판교나 세종시 등 특정 지역에서 자율주행 시험을 하는 자동차를 쉽게 볼 수 있다.

자율주행 자동차에서 사고가 나면 누가 책임져야 하는지도 중요한 해결 과제다. 운전자 책임이 강조되는 레벨 2와 운전자가 오히려 승객이 되는 레벨 4/5의 경우에는 큰 이견이 없지만 중간 단계인 레벨 3에서는 책임의 경계가 모호하다. 어떤 상황에서도 사고를 회피하고 피해자를 일단 구제하는 것이 우선이다. 하지만 AI가 자율주행을 할 수 없는 상황이라고 판단하고 운전자에게 운전 책임을 건넨다 해도, 운전자가 모든 상황에 바로 능동적으로 대처할 수는 없다. 그렇기에 사건에 따라서 AI에 일정 부분 책임을 묻고, 이를 보상과 보험 제도에 반영하는 사회적 합의가 필요하다.

자율주행 기능의 안전을 어떻게 입증하고 인증할 것인지도 중요하다. 가상 도시를 시범 주행하면서 기본 기능들을 검증할 수 있다. 공로에서 일정 마일리지 이상 주행한 기록을 제출하게 하면 실제 대처 능력을 확인할 수 있다. 사고 데이터를 분석하는 데 필요한 주행 기록 장치의 설치를 의무화하면, 사고 후에 뒤따르는 법적 분쟁 해결에 도움이 될 것이다.

PART 6

자율주행 기술의 미래

06-01

V2X 기술과 자율주행

V2X를 이용하면 자율주행 자동차가 지니는 이점들

여러 가지 판단을 사람 대신 인공지능이 하려면 엄청난 데이터를 처리해야 한다. 많은 데이터를 빠르게 계산하는 시스템을 각 자율주행 자동차마다 갖추려면, 장애물이 많다. 시스템이 일단 비싸고 무거우며, 엄청난 전기를 소모한다. 자율주행 기능이 업그레이드될수록 부담도 더 커진다.

더 효율적으로 데이터를 처리하려면 자동차도 스마트폰처럼 서버의 무궁무진한 메모리를 공유해야 한다. 테슬라가 카메라로 찍은 영상의 인식 여부를 자동차가 아닌 테슬라 서버에서 처리하듯이 자동차와 네트워크를 클라우드 기술로 연결하는 V2X 시스템은 자율주행 자동차 개발에 있어 필수가 됐다.

네트워크에 연결된 자동차는 장점이 다양하다. 원격으로 자동차의 상황을 파악하고, 조작도 가능하다. 교통 상황을 파악해 경로를 빠르게 탐색하고, 위험 지역도 회피한다. 차량들이 서로 소통하며 안전거리를 유지하거나 사각지대에서 다가오는 보행자들을 인식해서 사고를 막을 수도 있다. 다양한 차량의 자율주행 정보를 클라우드에 모아 학습하면, 인공지능의 능력도 개선된다.

2021년 중국 바이두와 칭화대에서는 도로에 설치된 카메라와 교통 상황 정보를 공유해 차량용 센서 없이도 자율주행이 가능한 시험차를 운영한 바 있다. 더 많은 정보가 네트워크로 연결되고 공유될수록 개별 자동차가 책임져야 하는 연산과 데이터의 양은 줄어든다. 그만큼 더 많은 자동차가 더 저렴한 가격으로 더 상향 평준화된 자율주행 기능을 수행할 수 있는 역량을 확보할 수 있다. 자율주행 자동차가 스마트폰처럼 보편화될 시대가 멀지 않았다.

테슬라 테크데이에서 공개한 기술 시연

테슬라는 카메라로 인지한 사물을 판단하는 데 필요한 계산을 네트워크로 처리한다.(출처 : Tesla AI Day 2021)

V2X를 활용한 자율주행 기술

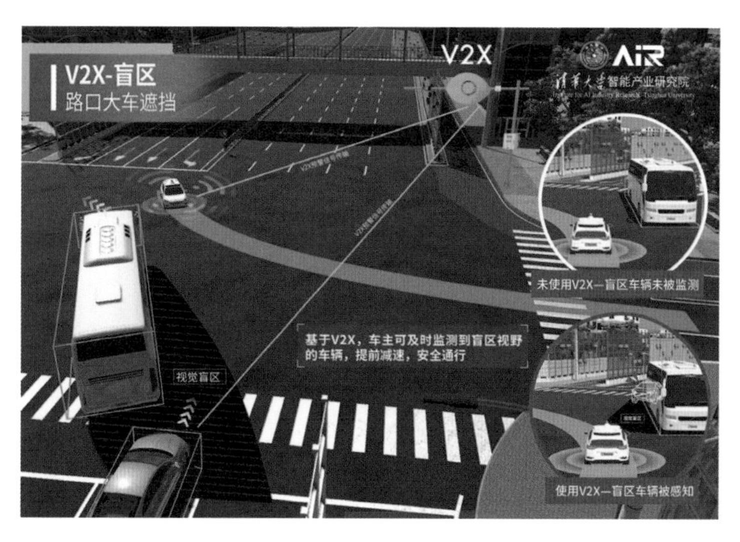

2021년 바이두에서 발표한 V2X 자율주행 자료. 교차로의 카메라에서 인지한 차들끼리 정보를 공유하고, 이를 바탕으로 개별 차량의 안전한 주행을 돕는다.(출처 : air.tsinghua.edu.cn/en/info/1007/1262.htm)

06-02

많은 데이터를 정확하고 빠르게 전송하는 5G 기술

자동차를 네트워크로 움직이려면 새로운 통신 기술이 필요하다

네트워크로 연산을 진행하려면 다량의 데이터를 빠르게 전달하는 통신 기술이 필요하다. 특히 빠른 속도로 이동하는 자동차는 속도가 조금만 느리더라도 짧은 시간에 많은 거리를 이동하므로 네트워크를 이용한 자율주행을 구현하려면 통신 속도의 혁신이 필수적이다.

이런 추세를 반영해서 전 세계적으로 4G LTE에서 5G로의 전환이 이뤄지고 있다. 5G와 기존 4G의 가장 큰 기술적 차이는 주파수다. 이전 세대에 비해 고대역 주파수인 밀리미터파를 사용하기 때문에 직진성이 높고, 많은 데이터를 담을 수 있다. 도달 범위가 짧은 것은 단점이다. 특히 이동 속도가 빠른 자동차에서 끊김 없이 연결을 유지하려면 특별한 기술들이 필요하다.

대표적인 예가 기기와 네트워크 기지국을 일대일로 맞춰 특정 방향으로 집중시키는 빔포밍 기술이다. MIMO라고 불리는 다중 채널 5G 안테나는 사용자 위치를 파악한 뒤 조명 여러 개가 스포트라이트를 비추듯 사용자가 가진 단말기에 주파수를 집중적으로 쏜다. 이러면 전파 수신이 더 쉬워지는데, 이렇게 매칭되면 빔트래킹 기술을 이용해 기기와 이동하는 경로를 따라서 기지국에서 전파를 쏘는 방향도 함께 이동한다.

고속도로나 고속철도 같은 곳에서는 차량이나 열차가 빠른 속도로 이동한다. 따라서 기지국과 다음 기지국 사이에서 바통 터치가 이뤄지도록 중간 단계에서 신호를 중첩하는 핸드오버 기술도 도입됐다. 이를 활용하면 150kph로 달리는 경주용 자동차에서도 통신 속도가 안정적으로 나온다. 만약 통신이 끊어졌을 때는 직전 상황을 기반으로 기본 제어를 하도록 오프라인 모드도 함께 구현돼 있다.

다중 채널 안테나 기술

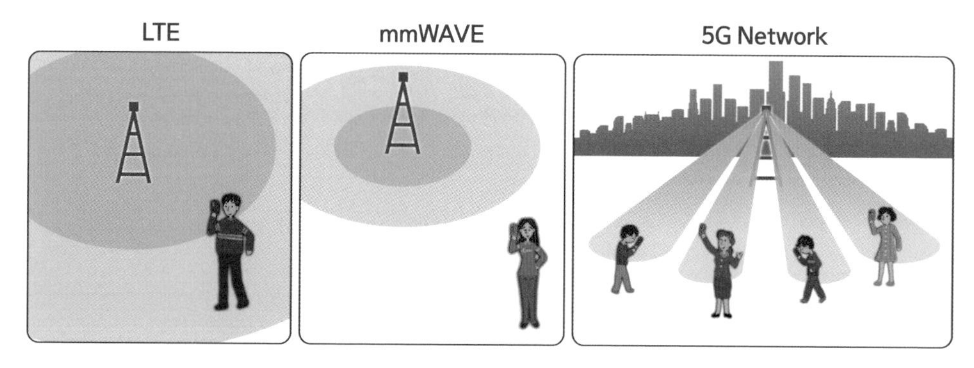

5G 다중 채널 안테나는 기기를 향해 전파를 집중해서 쏜다. (참고 : 삼성전자 홈페이지)

고속 이동에 적합한 통신 기술

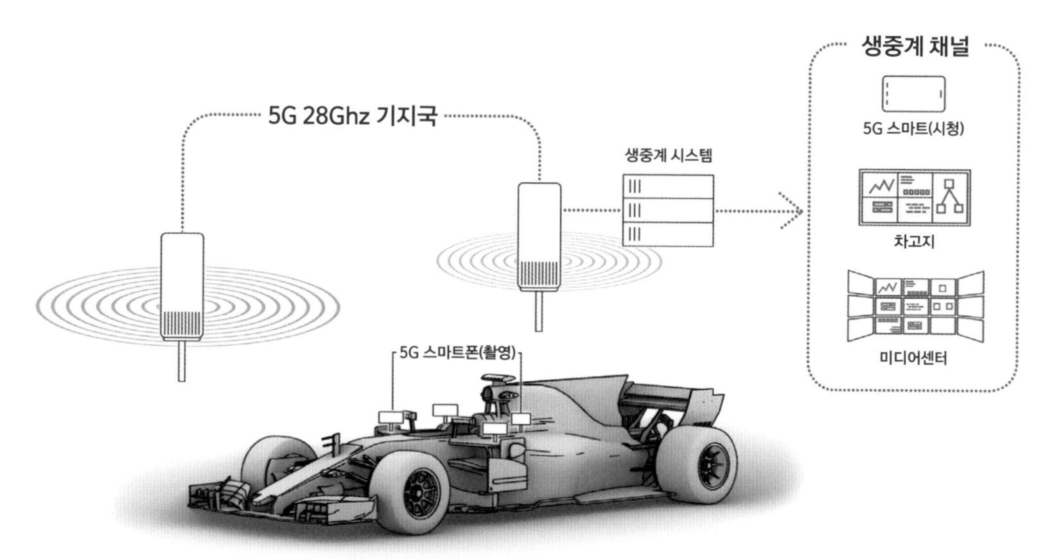

SK텔레콤에서 시도한 통신 기술의 개념도. 이 기술을 활용하면 레이싱 자동차에서도 빠른 통신을 구현할 수 있다. 기지국 사이에서 유연하게 이뤄지는 핸드오버가 핵심이다.

06-03

우주를 매개로 어디서든 연결되는 테슬라와 스타링크

일론 머스크는 테슬라를 시작하기 전부터 다 계획이 있었다

높은 산에 올라가면 휴대폰 신호가 이탈되는 경우가 종종 있다. 전송 속도를 올리자면 높은 주파수를 써야 하는데, 이런 신호들은 전파력이 떨어지고 장애물에 취약하다. 빠르게 이동하는 자동차가 네트워크에 계속 연결돼 있으려면 기지국을 촘촘히 설치해야 하는데, 아직 통신 인프라가 잘 갖춰지지 않은 나라, 특히 인구가 밀집돼 있지 않은 곳에서는 한계가 있을 수밖에 없다.

테슬라는 전 세계에 네트워크를 기반으로 한 자율주행 자동차를 판매하고 있는데, 이런 통신 인프라 문제를 해결할 방법을 CEO의 다른 회사에서 찾았다. 바로 저궤도 통신위성을 이용한 스타링크다. 테슬라는 새 버전의 스타링크를 자동차에서 접속하는 프리미엄 서비스 계획을 발표했다. 지구 어디에서든 네트워크에 연결되는 환경을 스스로 만들겠다는 의미다.

기존 위성 통신망이 있지만 대부분 너무 높은 궤도에 있는 위성을 이용하다 보니 접속 가능한 영역은 넓어도 신호가 약해 속도가 느렸으며, 큰 안테나를 사용해야 했다. 일론 머스크는 이 문제를 지상 1,000km 정도의 낮은 궤도에 훨씬 더 많은 위성을 띄워서 촘촘히 배치하는 것으로 해결했다.

이런 인터넷 서비스 사업이 성립하는 데 가장 큰 걸림돌은 전 세계 통신이 가능할 만큼의 위성을 쏘아 올리는 비용을 어떻게 감당하느냐이다. 머스크의 우주선 사업체인 스페이스 X는 발사 후 버려지던 발사체를 재사용하는 방법을 개발해 위성을 우주에 보내는 비용을 획기적으로 줄이는 데 성공했다. 그가 테슬라보다 스페이스 X를 먼저 시작한 걸 보면, 어디에서든 네트워크에 연결할 수 있는 자동차를 만들고자 한 계획은 진작에 세운 큰 그림인지도 모른다.

저궤도 통신위성, 스타링크

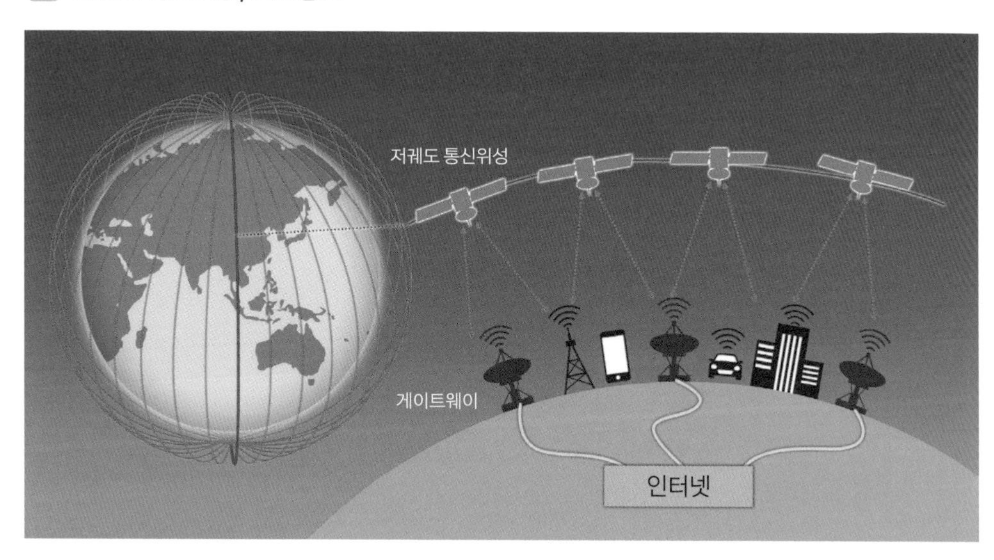

저궤도 통신위성은 신호가 강하지만, 송수신 범위가 좁아서 여러 대를 촘촘히 배치해야 한다. (참고 : m.blog.naver.com/latorre4157/222400178477)

재활용 로켓 기술을 개발한 스페이스 X

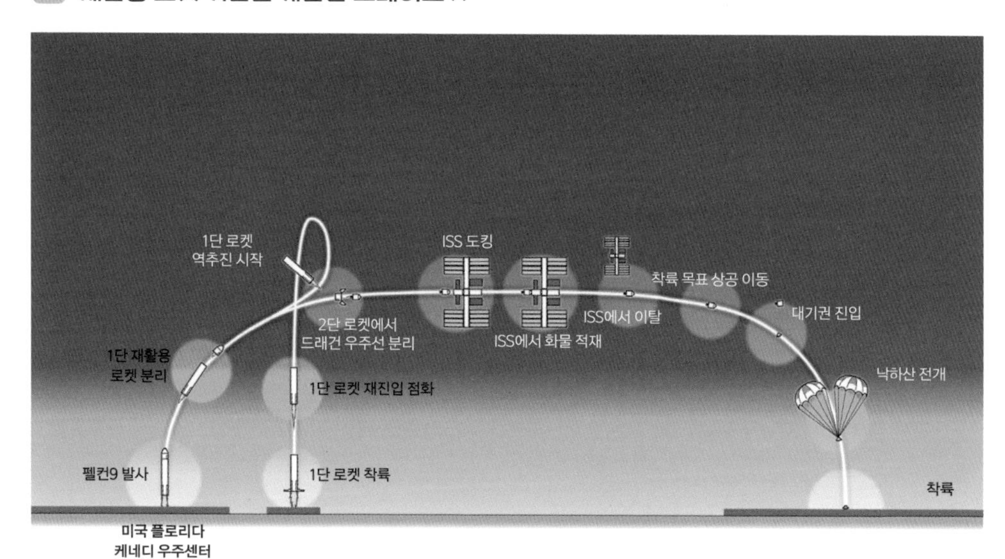

재활용 로켓으로 우주 산업의 패러다임을 바꾸고 있다. (참고 : 한국경제신문 기사)

06-04

자율주행 자동차를 보호하는 사이버 보안 기술

컴퓨터만큼 똑똑해진 대신에 해킹 위험도 증가한다

자율주행 자동차는 네트워크에 연결돼 있으며, 주행을 스스로 관장하는 컨트롤러를 포함하기 때문에 해킹 위험에 더 많이 노출된다. 운전자가 관여하지 않더라도 속도와 진행 방향을 제어하는 시스템이 내장돼 있다는 것은 안전에 큰 위협이다. 특히 무선으로 소프트웨어를 업데이트하는 OTA 기능이 보편화되면서 클라우드 서버와 연계돼 각종 보안 이슈가 발생할 가능성이 크다.

이런 상황을 막고자 유럽을 중심으로 사이버 보안 기능을 정의하고 의무화하는 규제들이 생기고 있다. 유엔유럽경제위원회에서 제정한 자동차 사이버 보안 국제 기준에 따르면 2022년 이후 개발에 들어간 모든 자동차는 사이버 보안 관리 체계(CSMS, Cyber Security Management System) 인증을 받아야 판매할 수 있다. 자동차 기능에 영향을 미칠 수 있는 유무선 통신/내부 네트워크/각종 제어 장치들과 센서뿐만 아니라 클라우드 서버까지 사고의 잠재적인 원인이 되는 취약 지점들을 확인해서, 해킹 위험을 막는 기준을 명확히 정의한다.

우선 외부 침입을 막으려고 자동차와 관련 서버에 접속 권한을 제한하는 암호 체계를 강화하고, 직원의 권한 남용에 의한 내부자 공격을 엄중히 관리해야 한다. 허위 데이터를 보내거나, 차량에 탑재된 데이터 코드를 조작하려는 시도가 발견되면, 바로 연결을 끊고 세이프티 모드로 변환하도록 조치한다. 또한 업데이트 과정에서 일어날 수 있는 설정 변경이나 바이러스 같은 악성 코드 유입을 방지하는 보안 시스템을 갖추고, 스마트폰 앱을 이용한 원격 제어 기능들도 보안 통제가 가능하도록 충분한 인증 절차를 거쳐야 한다. 안전 때문에 지켜야 할 것이 더 많아진 시대다.

자동차 사이버 보안 범위

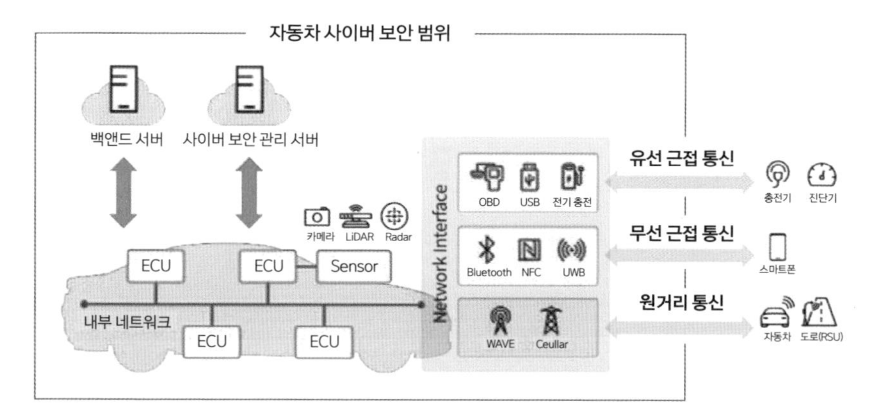

차와 연결된 모든 대상과 연결 고리가 보안 범위에 속한다. (참고 : 국토부 사이버 보안 가이드라인 자료)

자동차 사이버 보안과 규제들

구분		주요 관련 규제 및 사이버 보안 표준
국내	관련 규제	개인정보보호법, 정보통신망법, 위치정보보호법 등 개인 정보 보호 관련 법령
		자동차관리법, 도로교통법, 여객자동차운수사업법, 제조물책임법 등
	표준	국토교통부, 자동차 사이버 보안 가이드라인
		KISA, V2X 보안 인증 체계 세부 기술 규격
해외	관련 규제	UN Regulation No.155 : Cybersecurity Regulation
		미국 : SDA(Self Drive Act), NHTSA : Automated Driving Systems
		일본 : 도로운송차량 보안 기준
		영국 : Intelligent Transport System(ITS), Connected and Automated Vehicle(CAV)
		독일 : Ethics commission-automated and connected driving
	표준	ISO/SAE 21434, ISO26262-Funtional Safety
		ISO27001, ISO27701, ISO31000, ISO62443, etc
		IEEE std 1609: family of Standards for Wireless Access in Vehicle Environments
		ENISA : Cyber Security and Resilience of smart cars
		ETSI : Intelligent Transport System(ITS) Security

06-05

자율주행을 활용한 자동차 안전 기술의 혁신

당연하지만 편리함보다 안전함이 늘 우선이어야 한다

기존 자동차 안전 기술은 일단 충돌이 일어나면, 타고 있는 사람들을 보호하고 큰 부상을 막는 차체 구조와 설비를 의무화하고 있다. 새 차가 나오면 자동차안전연구원에서 전면/오프셋 전면/측면 등 다양한 충돌 상황을 구현하고, 더미로 측정한 부상 정도에 따라서 KNCAP(Korea New Car Assessment Program)이라 불리는 신차 안전 등급을 매긴다. 요즘은 판매 불가 등급을 받는 차가 거의 없지만, 높은 등급을 받으면 바로 판매량과 연계되기 때문에 사이드 에어백 같은 추가 안전장치들도 점점 기본이 되고 있다.

사고로부터 사람을 보호하는 것보다 사고 자체를 막는 일을 우선해야 한다. ADAS 기능이 모든 사고를 막을 수는 없지만, 상황을 사람보다 미리 감지해서 사고를 예방하거나 피해를 줄일 수 있다. 전방에 장애물이 나타나면 AEBS가 속도를 늦추고, 후방을 제대로 인지하지 못하고 들어가는 차선 변경은 ELKS(Emergency Lane keeping System)가 강제로 현 차선을 유지하게 한다. 갑작스러운 장애물 등장으로 충분한 제동거리를 확보하지 못하는 경우, 능숙한 운전자처럼 자동으로 핸들을 조작해서 회피하는 AES(Active Emergency Steering) 기술도 보편화되고 있는 추세다.

이 밖에도 운전자 상태를 모니터링해서 졸음운전을 경고하는 메시지를 띄워 운전자를 깨우는 기능이 있으며, 자동차가 내비게이션과 연동해 교통 표지판과 교통신호를 스스로 인지해 허용 최고 속도와 신호를 준수하면서 주행하도록 유도하거나 강제하는 기능도 추가되고 있다. 이런 모든 변화는 완전 자율주행 시대를 구현하는 기초가 된다. 당연한 말이지만 편리함보다는 안전함이 늘 우선이어야 한다.

전 세계 신차 안전 프로그램의 종류

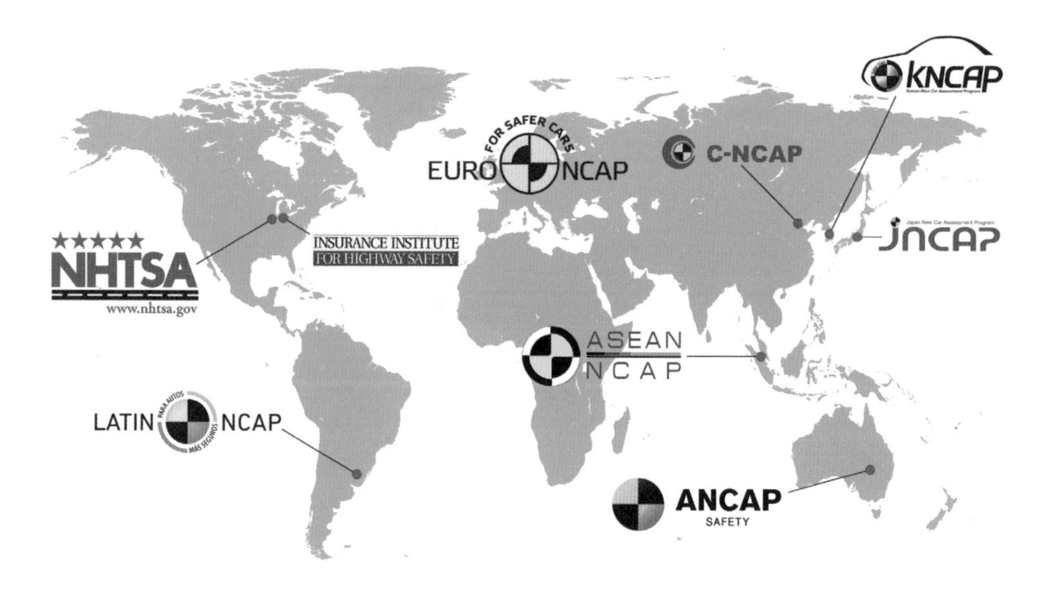

안전 기능들은 필수가 되고 있다. (참고 : carecprogram.org)

포드사의 Active Emergnecy Steering 기능

Helps Detect Slower or Stopped Traffic

Autimatically Applies Needed Brake Force

More Steering Effort If Breaking Isn't Enough

일단 충돌을 회피하는 모든 수단을 동원한다. (출처 : 포드 홈페이지)

06-06

고장 나도 안전하게 관리하는 ASIL

어떤 상황에도 위험원을 분석하고 위기에 대응하는지 확인한다

아무리 좋은 기능도 항상 정상적으로 작동할 수는 없다. 어떤 이유에서건 고장이 나기 마련이다. 특히 빠른 속도로 이동하는 자동차의 고장은 곧 안전과 직결되는 위험 요소다. 그래서 대부분 자동차에 들어가는 전기 전자 부품들은 시스템이 고장 나더라도 최소한의 안전을 확보할 수 있도록 설계돼야 한다. 그리고 이를 확인하는 자동차 안전 무결성 수준, ASIL(Automotive Safety Integrity Level)을 만족하도록 관리하고 있다.

ISO26262 표준에 정의된 ASIL 레벨은 A에서 D까지 4등급으로 나뉜다. 위험도는 고장이 났을 때 사고가 얼마나 심각하게 날 수 있는지, 그리고 얼마나 자주 사용되는 장치인지, 마지막으로 고장이 났을 때 운전자가 충분히 대처할 수 있는지에 따라서 달라진다. 에어백이나 브레이크, 파워 스티어링과 같은 시스템은 가장 엄격한 ASIL - D 등급을 받아야 하고, 크루즈 컨트롤은 ASIL - C, 헤드라이트나 브레이크 라이트는 일반적으로 ASIL - B 정도 수준이다.

ASIL 등급을 받으려면 등급별로 지정된 안전 기준을 만족함을 증명해야 한다. 에어백이 갑자기 터지는 심각한 고장을 예방하려고 작동 로직을 이중 삼중으로 교차 확인하고, 액셀 페달에 달린 센서는 고장이 날 경우를 대비해서 항상 2개가 달린다. 서로 신호가 다르면 바로 림프홈이라는 안전 모드로 빠지도록 설계돼 있다. ASIL - D 레벨로 가면, 단순히 고장 대응뿐 아니라 코딩의 안정성과 작동 관련 신호의 안정성에 대한 검증을 거쳐야 한다. ISO 등급을 받으려면 이와 관련해 설계 단계에서부터 검증하는 V - 사이클을 정의해서, 시스템을 설계하고 개발하는 동안에 계속 검증하고 수정 보완하는 과정을 거쳐야 한다.

대표적인 기능들의 ASIL 레벨

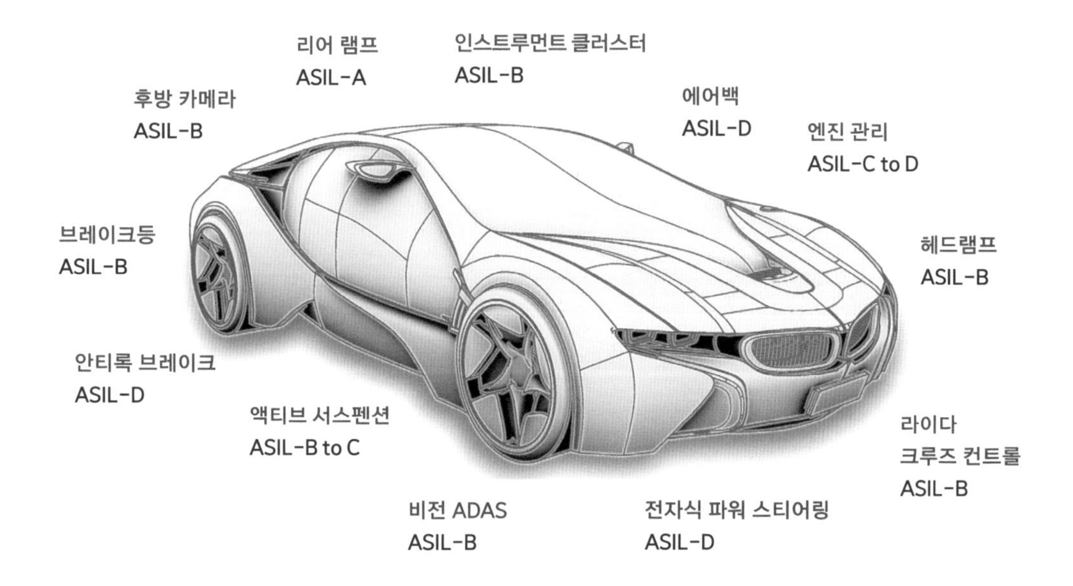

ADAS 기능 대부분은 B/C 수준이지만, 직접적인 속도와 조향에 관여된 항목들은 D 레벨로 꼼꼼하게 관리한다.
(참고 : SYNOPSYS 자료)

ISO26262에 정의된 SW 개발 V cycle

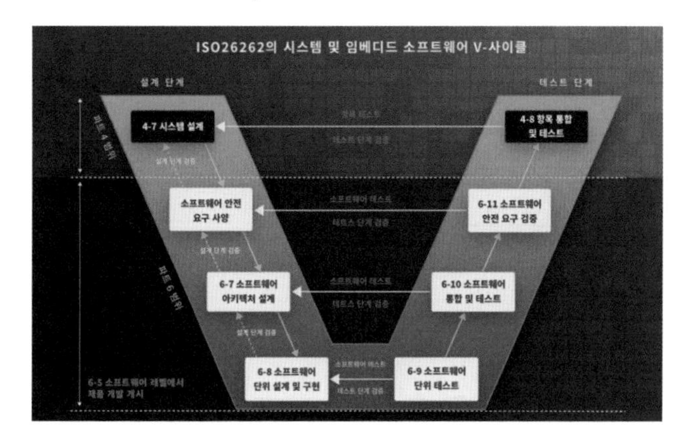

V cycle은 자동차 소프트웨어 개발에 있어 기본 프로세스다. (출처: DISTI 보고서)

06-07

어떤 상황에서도 안전함을 증명하는 SOTIF 표준

고장이 났다고 해서 고장 탓만 하고 있을 수는 없다

ASIL로 대변되는 기존 ISO 26262는 하드웨어와 소프트웨어 모두에 적용되는 것으로 자동차의 개발 공정 및 생애주기 전반에 걸쳐서 충족해야 하는 요건들이 정의돼 있다. 모든 전자 기능에 기본으로 적용될 수 있지만, 고장 상황에만 초점을 맞춰서 인간을 대체하는 자율주행에 적용하기에는 적합하지 않다. 이에 자동차 기능 안정성 표준, SOTIF(Safety Of The Intended Functionality)가 새롭게 제정됐다.

갑자기 사람이 튀어나오거나 앞차가 차선을 변경하는 것과 같이 변수가 많은 실도로에서도 자율주행 시스템이 안전하려면, 모든 변수를 예측하고 방어하는 로직이 보완돼야 한다. ISO/PAS 21448에 새롭게 정의된 SOTIF는 시스템 결함이 없는 상태에서도 외부 요인에 의해 발생할 수 있는 위험에 대처하는 시스템 안정성을 다룬다.

예를 들면 센서에 새똥이 떨어진다거나, 외부와 네트워크가 끊어질 수 있다. 운전자가 상황에 맞지 않는 기능을 강제로 구동할 수도 있다. 이렇듯 모든 상황에 대해 시스템이 안전을 담보하려면, 제어 기능에 항상 여유분을 둬야 한다. 그리고 상황이 발생하면 안전을 최우선으로 주행한 후에 운전자에게 빠르게 상황을 인지시키고 통제권을 가져가도록 유도한다.

이를 달성하려면 기존 소프트웨어 V 프로세스의 설계 검토 단계에서부터 SOTIF 요인들을 고려한 확장이 필요하다. 일례로 센서에 이물이 묻으면 다른 신호로 대체하거나 기능을 중지하고, 경고 메시지를 운전자에게 알려 닦도록 한다. 직접 세척하는 기능을 추가할 수도 있다. 운전자가 무리한 요구를 하면, 바로 받아들이지 않고 경고 메시지로 올바른 행동을 유도한다.

자율주행 자동차에 발생할 수 있는 위험의 분류

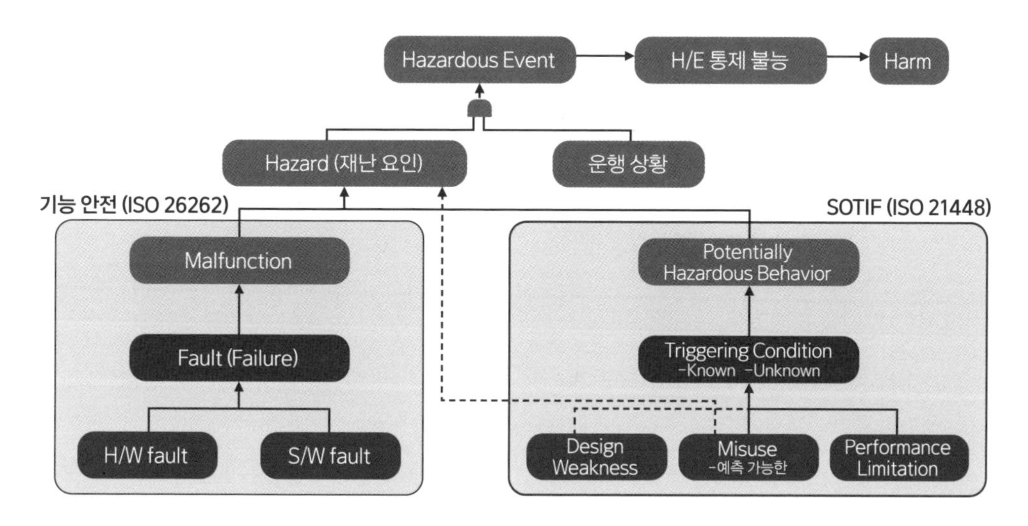

고장 발생 가능성과 관련한 기능 안전을 넘어서는 새로운 영역이 안전 분야에 필요해졌다. (참고 : 한국자동차공학회 칼럼)

ASIL과 SOTIF의 비교

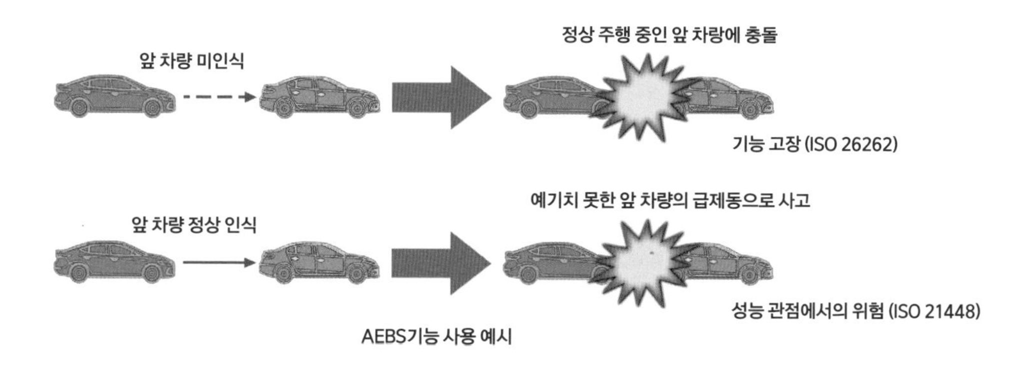

기존 ASIL은 고장이 나면 어떻게 할 것이냐를 다룬 반면, SOTIF는 갑작스러운 외부 변화에 대처할 만큼의 성능이 있는지를 묻는다. (참고 : blog.naver.com/PostView.naver?blogId=suresofttech&logNo=222817081678&parentCategoryNo=&categoryNo=&viewDate=&isShowPopularPosts=false&from=postView)

06-08

자율주행의 최소 안전을 정한 SaFAD

기업이 선도적으로 표준화하고 널리 써서 규제한다

2019년 아우디, BMW, 벤츠, 폭스바겐 같은 자동차 회사와 APTIV, 컨티넨탈, 바이두, 인텔 등이 한데 모여 안전을 최우선으로 하는 자율주행 자동차 백서, SaFAD(Safety First for Automated Driving)를 발표했다. 인터넷에서 손쉽게 찾아 다운로드받을 수 있다.

이 백서는 자율주행에 관한 원칙과 세부사항을 담고 있다. 안전한 자율주행을 달성하는 데 필요한 목표를 정의하고, 설계 단계에서 검토해야 할 사안을 정의했다. 차량 운전자와 자동차 사이에서 책임을 나누고, 상황에 따라 권한을 서로 이양하는 기준도 마련했다. 오가는 데이터를 기록하고 보안을 지키는 일에 관한 기준도 마련하고, 다양한 교통 시스템 내에서 자율주행 자동차가 갖춰야 할 안전 기능도 정리했다.

SaFAD는 자율주행 자동차를 개발하는 기업들이 자신의 필요에 따라 자발적으로 주창한 표준이라 강제성은 없다. 그러나 이후 다른 많은 기업에게 참고가 돼 자율주행 산업 전체의 안전성 개선에 도움을 줬다. 우리나라를 비롯한 많은 국가가 자율주행 안전성 검증 프로세스 설립에 참고하고 있다.

최근 들어 자율주행 기능에 인공지능과 클라우드 같은 ICT 기술이 연계되고, 그 범위가 점점 확대되면서 SaFAD에서 다룬 범위를 확장한 새로운 표준이 필요해졌다. 2022년 정부 주도의 자율주행기술개발혁신사업단에서 국가기술표준원과 함께 발표한 표준안을 보면 도로 교통정보, 디지털 트윈을 활용한 시뮬레이션 등 최신 트렌드를 반영한 최소한의 안전 기준들이 정리돼 있다. 앞으로도 사기업이 필수 항목에서 인증 영역에 이르는 기술 표준을 선도하고, 정부가 이를 취합하는 과정이 계속 이어질 전망이다.

SaFAD에서 다루는 12가지 주제들

번호	SaFAD 주제
1	안정 운영(Safety Operation)
2	운영 설계 영역 관리(Operational Design Domain)
3	차량 운전자의 권한 이양(Vehicle Operator Initiated Handover)
4	보안(Security)
5	사용자 책임(User Responsibility)
6	차량의 권한 이양(Vehicle Initiated Handover)
7	차량 운전자와 자율주행 시스템 사이의 상호 의존성(Interdepency between the Vehicle Operator and the Automated System)
8	안전성 평가(Safety Assessment)
9	데이터 기록(Data Recording)
10	피동 안전(Passive Safety)
11	교통 시스템 내에서의 행동(Behavior in Traffic)
12	안전망 관리(Safe Layer)

2022년 발표된 자율주행 기술 표준안

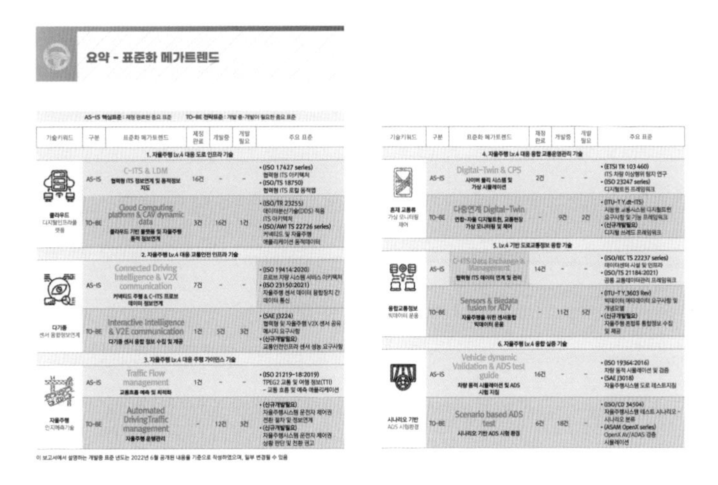

요약 - 표준화 메가트렌드

AS-IS 핵심표준 : 제정 완료된 중요 표준 TO-BE 전략표준 : 개발 중·개발이 필요한 중요 표준

기술키워드	구분	표준화 메가트렌드	제정 완료	개발중	개발 필요	주요 표준
1. 자율주행 Lv.4 대응 도로 인프라 기술						
클라우드 디지털인프라플랫폼	AS-IS	C-ITS & LDM 협력형 ITS 정보연계 및 동적정보 지도	16건	-	-	• (ISO 17427 series) 협력형 ITS 아키텍처 • (ISO/TS 18750) 협력형 ITS 로컬 동적맵
	TO-BE	Cloud Computing platform & CAV dynamic data 클라우드 기반 플랫폼 및 자율주행 동적 정보연계	3건	16건	1건	• (ISO/TR 23255) 데이터분산기술(DDS) 적용 ITS 아키텍처 • (ISO/AWI TS 22726 series) 커넥티드 및 자율주행 애플리케이션 동적데이터
2. 자율주행 Lv.4 대응 교통안전 인프라 기술						
다기종 센서 융합정보연계	AS-IS	Connected Driving Intelligence & V2X communication 커넥티드 주행 & C-ITS 프로브 데이터 정보연계	7건	-	-	• (ISO 19414:2020) 프로브 차량 시스템 서비스 아키텍처 • (ISO 23150:2021) 자율주행 센서 데이터 융합장치 간 데이터 통신
	TO-BE	Interactive Intelligence & V2E communication 다기종 센서 융합 정보 수집 및 제공	1건	5건	3건	• (SAE J3224) 협력형 및 자율주행 V2X 센서 공유 메시지 요구사항 • (신규개발필요) 교통안전인프라 센서 성능 요구사항
3. 자율주행 Lv.4 대응 주행 거버넌스 기술						
자율주행 인지예측기술	AS-IS	Traffic Flow management 교통흐름 예측 및 최적화	1건	-	-	• (ISO 21219-18:2019) TPEG2 교통 및 여행 정보(TTI) - 교통 흐름 및 예측 애플리케이션
	TO-BE	Automated DrivingTraffic management 자율주행 운행관리	-	12건	3건	• (신규개발필요) 자율주행시스템 운전자 제어권 전환 절차 및 정보연계 • (신규개발필요) 자율주행시스템 운전자 제어권 상황 판단 및 전환 권고
4. 자율주행 Lv.4 대응 융합 교통운영관리 기술						
혼재 교통류 가상 모니터링 제어	AS-IS	Digital-Twin & CPS 사이버 물리 시스템 및 가상 시뮬레이션	2건	-	-	• (ETSI TR 103 460) ITS 차량 이상행위 탐지 연구 • (ISO 23247 series) 디지털트윈 프레임워크
	TO-BE	다중연계 Digital-Twin 연합-자율 디지털트윈, 교통현장 가상 모니터링 및 제어	-	9건	2건	• (ITU-T Y.dt-ITS) 지능형 교통시스템 디지털트윈 요구사항 및 기능 프레임워크 • (신규개발필요) 디지털 스레드 프레임워크
5. Lv.4 기반 도로교통정보 융합 기술						
융합교통정보 빅데이터 운용	AS-IS	C-ITS Data Exchange & Management 협력형 ITS 데이터 연계 및 관리	14건	-	-	• (ISO/IEC TS 22237 series) 데이터센터 시설 및 인프라 • (ISO/TS 21184:2021) 공통 교통데이터관리 프레임워크
	TO-BE	Sensors & Bigdata fusion for ADV 자율주행을 위한 센서융합 빅데이터 운용	-	11건	5건	• (ITU-T Y.3603 Rev) 빅데이터 메타데이터 요구사항 및 개념모델 • (신규개발필요) 자율주행 혼합류 통합정보 수집 및 제공
6. 자율주행 Lv.4 융합 실증 기술						
시나리오 기반 ADS 시험환경	AS-IS	Vehicle dynamic Validation & ADS test guide 차량 동적 시뮬레이션 및 ADS 시험 지침	16건	-	-	• (ISO 19364:2016) 차량 동적 시뮬레이션 및 검증 • (SAE J3018) 자율주행시스템 도로 테스트지침
	TO-BE	Scenario based ADS test 시나리오 기반 ADS 시험 환경	6건	18건	-	• (ISO/CD 34504) 자율주행시스템 테스트 시나리오 - 시나리오 분류 • (ASAM OpenX series) OpenX AV/ADAS 검증 시뮬레이션

이 보고서에서 설명하는 개발중 표준 년도는 2022년 6월 공개된 내용을 기준으로 작성하였으며, 일부 변경될 수 있음

자율주행기술개발혁신사업단에서 국가기술표준원과 함께 제정한 자율주행 기술 표준안. ICT 기술과의 협업 영역이 대폭 강화됐다. (출처 : 《자율주행 표준화 메가트렌드》, 자율주행차 표준화 포럼 홈페이지)

06-09

디지털 트윈을 이용한 자율주행 안전성 평가

가상공간에서 일어날 수 있는 모든 시나리오를 미리 검증한다

자동차 회사 입장에서 자율주행은 운전 책임을 제작사가 진다는 것을 의미한다. 만약 큰 사고가 발생하면 브랜드 이미지에 치명타를 입을 수밖에 없다. 자율주행 기술이 많이 발전했음에도 상용화보다 임시 운행 허가를 받아 수없이 실도로 테스트를 진행할 수밖에 없는 상황이다. 선두 회사인 테슬라도 데모 버전의 오토파일럿을 공개하면서 운전자들의 데이터를 모으는 작업을 계속하고 있다.

물론 실제 자동차 도로 주행을 하면서 데이터를 축적하는 데는 한계가 있다. 소비자들의 주행 패턴은 다양하고, 나라와 도시마다 환경도 다르다. 다양한 기후 조건 및 교통 상황과 관련한 모든 데이터를 실제 운전자를 통해 쌓고 난 후에 이에 대응하는 알고리즘을 개발한다면 상당한 시간과 비용이 소요될 것이다.

HD MAP 기반의 디지털 트윈 기술이 이런 문제 해결에 활용된다. 실측한 지도 데이터를 기반으로 현실 세계와 똑같은 가상 세계를 구성하고 모의시험을 진행하면, 단기간에 자율주행 알고리즘을 고도화할 수 있다. 먼 해외로 일일이 가지 않아도 현지 상황을 반영한 모델을 이용해 안전성을 검증할 수 있다.

다양한 시나리오를 제시할 수 있는 것도 큰 장점이다. 다른 차량의 갑작스러운 끼어들기, 보행자의 무단횡단 등 실제 환경에서 테스트하기 어려운 상황도 가상 세계에서는 가능하다. 이면 도로, 골목길 등에서 발생할 수 있는 여러 상황도 시뮬레이션할 수 있다. 여기에 낮과 밤뿐 아니라 폭설, 폭우 등 여러 악천후 상황을 모사하고 센서들의 정확도가 떨어지는 상황도 가정하면서 자율주행 시스템의 신뢰도를 더욱 높인다.

디지털 트윈과 HD MAP

네이버가 HD MAP을 이용해 서울과 판교의 디지털 트윈을 구축하고 있다. 이는 시뮬레이션에 활용될 예정이다.
(출처 : 네이버랩스 홈페이지)

시뮬레이션으로 고도화하는 자율주행 기술

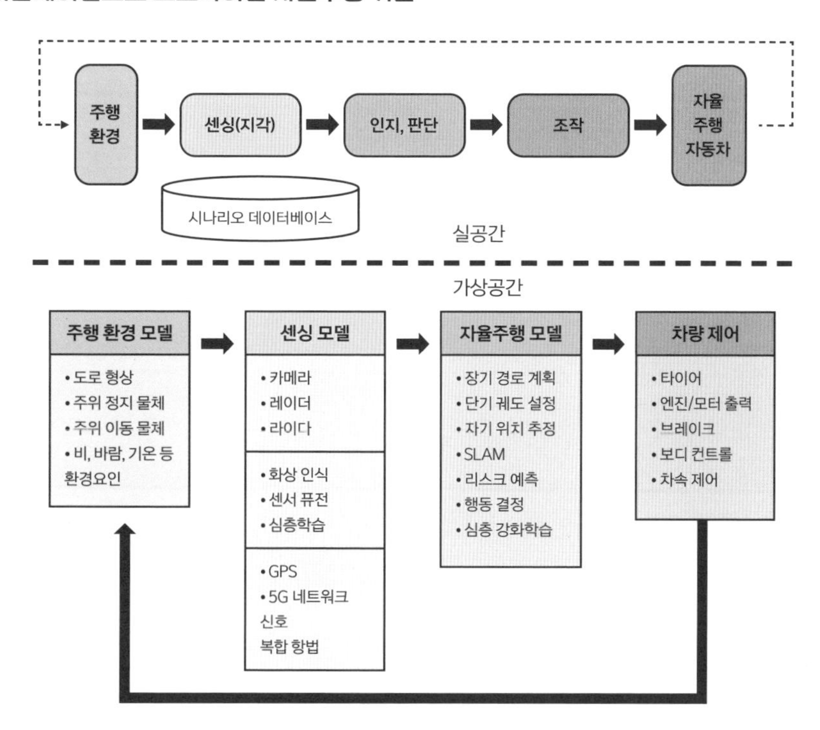

실제 공간에서 구현하는 모든 기능을 가상공간에서 검증할 수 있다.

Column

자율주행 기술이 가져다줄 자동차 이외의 것들

자율주행의 핵심은 센서를 이용해 상황을 인식하고, 목적에 맞는 경로를 따라서 스스로 안전하게 이동하는 과정에 있다. 사람을 대신하는 로봇의 이런 기능들은 자동차뿐 아니라 다양한 분야에서 활용될 수 있다.

가장 가까이 볼 수 있는 사례는 로봇 청소기다. SLAM 기능을 응용한 운영체제를 이미 상용화해 집 안 구석구석을 빠짐없이 청소하는 기능을 구현했다. 비슷한 로직으로 좀 더 큰 규모의 트랙터나 이앙기를 자동 농기계로 개발 중이다. 심각해지는 인력 부족 문제를 해결하는 데 큰 도움이 될 것으로 기대하고 있다.

사람 대신 물건을 가져다주는 로봇들도 속속 우리 삶에 들어오고 있다. 음식점에서 음식을 서빙하고, 호텔에서 서비스 물품을 가져다주기도 한다. 배송 로봇은 배달 앱으로 주문한 음식이나 물건을 가져다주는 역할을 하는데, 코로나로 비대면 배송이 점차 늘어나면서 이미 미국에서는 아마존, 페덱스 등 여러 유통 업체에서 운용 중이다.

스스로 목적지를 찾아가는 기술은 인간의 질병을 치유하는 마이크로 로봇 개발에도 활용할 수 있다. 혈관을 따라서 상처 부위를 찾아가 독한 치료제를 정밀 표적 투약한다거나, 악성 종양을 제거하고 막힌 혈전을 뚫는 기능을 수행하는 아주 작은 로봇도 곧 개발이 가능할 것으로 예상된다. 2022년 테슬라 테크 데이에서 일론 머스크가 안드로이드 로봇을 공개한 이유는 자율주행 기술이 가져올 미래 청사진에 자동차 이외에도 많은 변화가 있을 것이기 때문이다. 우리가 자율주행 기술에 더 관심을 쏟아야 하는 이유이기도 하다.

PART 7

국내 자율주행 스타트업의 주요 기술

07-01

자율주행 시대를 개척하는 대한민국의 회사들

기술을 제휴하고 검증하고 차를 공유하는 새로운 모델을 제시하다

자율주행 기능을 구현하려면 여러 단계를 거쳐야 한다. 센서로 상황을 인식하고, 어느 길로 갈지 판단하면서 최적의 운전 조건을 찾아내는 등 여러 단계의 문제를 해결해야 자율주행을 실현할 수 있다. 기존 차량 개발 방식에 얽매인 자동차 제조사가 이 모든 단계를 독자적으로 해낼 수는 없는 법이다. 이렇게 생긴 틈새시장에 여러 스타트업이 자연스럽게 뛰어들었다. 이들은 다양한 기술력과 특유의 가벼움을 무기로 자율주행이라는 새로운 시장에 참여 중이다.

제일 보편적인 형태는 기술 제휴다. 한 회사는 센서로 받아들인 신호를 바탕으로 차선과 사람을 인지하는 독자적인 학습 로직을 보유했는데, 차에 모인 정보를 클라우드로 받아서 처리하는 기술 솔루션을 자동차 제조사에 제공해 기술료를 받는다. 보쉬나 델파이 같은 회사들은 주요 부품을 납품하면서 관련 소프트웨어를 함께 제공하기도 한다. 많은 정부 연구소가 가상의 운전 코스를 만들어 자율주행 기능을 점검하고 있지만, 실도로에서 일어나는 모든 상황을 가정해서 점검할 수는 없다. 몇몇 회사가 디지털 트윈을 이용한 검증 시뮬레이션으로 비용이 많이 들고 위험도 감수해야 하는 실차 시험을 대체하려고 시도하고 있다.

차량 공유를 활용한 모빌리티 서비스를 제공하는 회사에게 자율주행은 새로운 비즈니스로 향하는 문이다. 그들은 일반 자동차를 개조해서 자율주행 기능을 추가한 후에 제한된 영역에서 무인 로봇 택시나 셔틀을 운행하고, 해당 기술이 이동에 미치는 영향을 살펴본다. 기존 택시는 물론이고 공유 자전거, 킥보드 등과 같은 퍼스널 모빌리티와 연동한 비즈니스 모델에 계속 도전하고 있다.

1세대 자율주행 스타트업 웨이모

자율주행 개발을 주도하고 있는 웨이모도 스타트업으로 시작했다.

디지털 트윈과 자율주행

자율주행을 디지털 가상공간에서 검증한다. (출처 : 모라이 홈페이지)

07-02

자동차에 비전 AI라는 눈을 달아준 스트라드비전

카메라로 인식한 영상을 분석하는 기술로 전 세계를 누빈다

사람이 눈으로 환경을 인식하고 사물을 감지하듯이, 자율주행 자동차도 비전 AI를 활용해 데이터를 분석하고 해석해서 안전하게 주행한다. 스트라드비전은 2014년 포스코 출신의 공학도들이 모여 시작한 회사로, 국내에서 인공지능을 활용한 카메라 영상 분석 기술을 선도하고 있는 대표적인 자율주행 스타트업이다.

자체 개발한 SVNet은 차량에 탑재된 카메라로 들어오는 영상을 AI 기술로 분석해 주변에 있는 다른 차량이나 보행자, 차선, 신호등 등을 마치 사람처럼 인식하는 소프트웨어다. 특히 최소한의 연산과 전력 소비만으로 딥러닝 기반 객체 인식 기능을 구현하고 있다.

사업 초기에는 현대차 그룹의 투자를 받아 성장했지만, 점점 사업 영역을 넓혀 홀로서기에 당당히 성공했다. AI 소프트웨어 사업은 국가별 보호 정책 탓에 데이터 활용에 제약이 많다. 그럼에도 이 회사는 해외 수출을 적극적으로 한다. 미국, 유럽, 일본, 중국 등 주요 자동차 시장에서 OEM으로 소프트웨어 납품 계약을 따냈으며 지난 9월에는 SVNet을 장착한 차량이 100만 대를 넘어서며 기술력을 인정받았다.

스트라드비전의 핵심 기술인 비전 AI는 자율주행 이외의 영역에서도 활용될 수 있다. 아직 완전 자율주행은 시기상조다. 그러나 더욱 정교한 ADAS 기능이나 카 인포테인먼트 분야에서 급변하는 고객 요구를 만족시키려면 주변을 정확히 인식하는 기술은 필수다. 궁극적으로는 자동차를 넘어서서 항공, 물류 등 관련 산업으로 포트폴리오를 확장해 글로벌 비전 AI 소프트웨어를 개발하는 것을 목표로 달려가고 있다.

딥러닝 기반의 객체 인식 기능

SVNet을 이용한 사물 인식 기술. 차선, 차량, 신호등, 보행자 등을 밤낮과 날씨에 상관없이 정확히 인지한다. (출처 : 스트라드비전 홈페이지)

07-03

인프라에 눈을 돌려 새로운 길을 찾는 서울로보틱스

일반 자동차에 자율주행을 탑재하는 기술로 제일 먼저 성과를 냈다

자율주행 기술이라고 하면, 도로를 달리는 자동차가 목표이기 마련이다. 서울로보틱스도 처음에는 그랬다. 창업 멤버들은 2017년에 서울로보틱스를 설립하고는 사람의 도움 없이 스스로 움직이는 자동차를 최종 목표로 삼았다.

서울로보틱스의 운명을 바꾼 계기는 2019년 BMW에서 온 특별한 제안이었다. 공장 안이나 야외 야적장 등 한정된 공간에서 눈비 같은 악천후에도 완벽하게 작동하는 자율주행 시스템을 개발해 달라는 요청이 들어온 것이다. BMW의 제안에 유수의 외국 IT 기업들이 2025년에나 가능하다며 망설이는 사이, 서울로보틱스는 승부를 던졌다. 그리고 독일 뮌헨 딩골핑 공장에서 생산된 자동차들이 탁송 기사 없이도 양산 이후에 알아서 야적장으로 이동하는 시스템을 개발하는 데에 성공했다.

이들은 라이다 센서를 차가 아니라 공장 벽, 길가, 가로수 등 인프라에 직접 설치한다. 공장 안에 설치된 센서 200여 개가 복잡한 공장 내 차량의 움직임을 한꺼번에 파악하고, AI 소프트웨어가 중앙에서 관제한다. 인프라 기반의 소프트웨어가 일반 자동차를 자율주행 자동차로 바꿔준 셈이다. 이 시스템의 도입으로 BMW가 절약할 수 있는 인건비가 연간 200억 원에 달한다.

공로 자율주행 경쟁에서 고개를 돌린 덕분에 서울로보틱스는 세계에서 유일하게 인프라 기반 자율주행 소프트웨어 상용화에 성공하고 수익을 내는 기업이 됐다. 이 기술은 발레파킹이나 전기차 자율 충전 등 다양한 형태로 확장도 가능하다. 어쩌면 자율주행이 가져다줄 스마트 시티 개발 분야에 가장 가깝게 접근한 기업일지도 모른다.

서울로보틱스의 3D 인식 기술

이 기술을 바탕으로 BMW의 생산 공장 자율주행 프로젝트에 성공한다. (출처 : 서울로보틱스 홈페이지)

라이다를 활용한 인프라 기반의 자율주행 기술

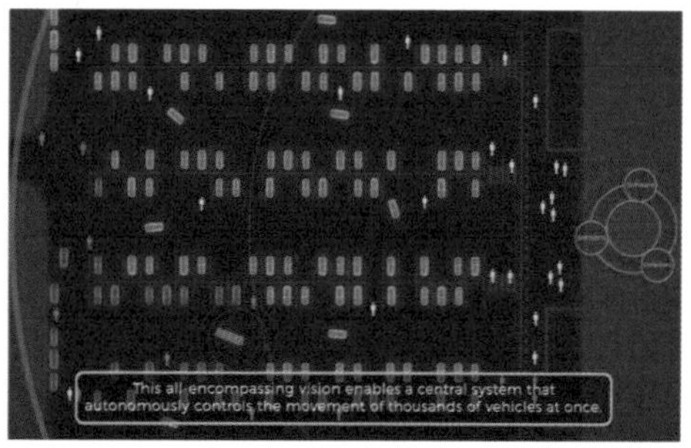

정해진 공간 곳곳에 설치된 카메라와 라이다 센서를 이용하면 차량 여러 대를 동시에 원하는 곳으로 이동시키는 것이 가능하다. (출처 : 서울로보틱스 홈페이지)

07-04

개발자를 위해 현실 같은 가상공간을 마련한 모라이

실제 차량의 동력학 모델링과 연계해서 바로 피드백이 가능하다

경기도 화성의 자동차안전연구원에 가면 K-City라는 가상 도시가 있다. 공로에서 하기 힘든 자율주행 기능 검증을 하려고 만들었지만, 지금은 자율주행을 시연하는 장소 정도로 활용하고 있다. 미리 정해진 시나리오로 진행하는 시뮬레이션은 아무래도 실제 도로 위의 복잡한 상황을 대변하기에 어려움이 있기 때문이다.

이런 자율주행 기능 검증의 어려움을 정교하게 만든 디지털 트윈 기술로 해결하면 어떨까. 자동체 제조사에게 이런 해결책을 제시하는 스타트업이 대구에 기반을 둔 모라이다. 정밀한 HD 지도를 기반으로 데이터를 추출한 후, 이를 바탕으로 건물과 거리를 3D로 구성하고 그 안에서 마치 레이싱 게임을 하듯 시뮬레이션을 해볼 수 있다. 날씨, 시간대, 교통량 등 여러 변수를 마음대로 조절할 수 있으므로 자율주행 기능을 확인하기에 안성맞춤이다.

모라이는 단순히 자동차 운행 정보만 검증하는 것이 아니라, 엔진 출력을 어떻게 내고, 회생제동과 물리적 브레이크의 배분을 어떻게 할 것인지와 같은 차량 동역학 모델링도 함께 제공한다. 이런 시뮬레이션 결과를 바탕으로 실제 차량에서 검증해 보고, 그 결과를 다시 시뮬레이션에 피드백해서 상황마다 어떤 설정이 필요한지를 좀 더 빠르게 확인할 수 있다.

국내뿐 아니라 싱가포르, 미국 캘리포니아와 라스베이거스 등 다양한 지역을 모델로 구축해 서비스를 제공한다. 이런 실적을 바탕으로 국토교통부에서 추진하는 자율주행 기술의 인증과 평가를 위한 체계 구축에도 참여하고 있다.

디지털 트윈 지도의 제작

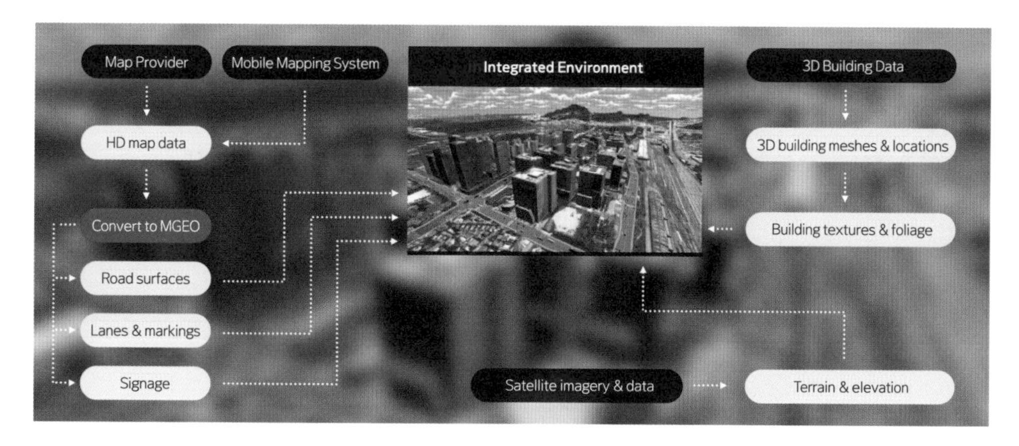

디지털 트윈을 구성하면, 교통량도 시뮬레이션할 수 있다. (출처 : 모라이 홈페이지)

시뮬레이션과 실제 도로 주행의 비교

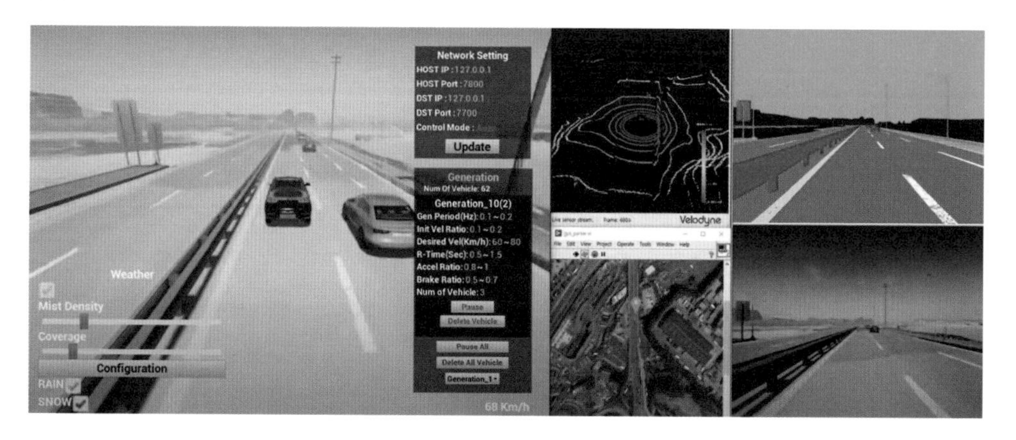

실제 차량에 필요한 설정치들을 시뮬레이션한 다음, 실차 측정치와 비교 검증할 수 있다. (출처 : 모라이 홈페이지)

07-05

이동과 연결을 중시한 자율주행을 연구하는 카카오모빌리티

자율주행 서비스도 크게 보면 결국 이동 수단일 뿐이다

카카오톡으로 대표적인 IT 기업이 된 카카오는 사람 사이의 연결에 늘 관심이 많다. 카카오톡이 온라인상의 의사소통을 도와준다면, 카카오모빌리티는 오프라인상의 만남을 위한 이동을 고민한다. 운전에 별다른 신경을 쓰지 않고 이동할 수 있다면 어떤 가능성이 열릴까? 택시 앱으로 유명한 카카오모빌리티가 자율주행 연구를 시작한 배경도 여기에 있다.

자율주행이 구현되는 차를 만드는 일에 집중하는 자동차 제조사나 기술 기업과는 다르게 카카오모빌리티가 집중하는 분야는 자율주행 서비스다. MAAS(Mobility As A Service) 트렌드를 이끄는 기업답게 자율주행 자동차를 만드는 것은 물론 '관제 시스템'과 '운영 시스템'을 모두 아우르려고 한다. 한마디로 사람 없이도 부르면 오는 무인 이동 서비스를 지향한다.

자율주행에 기반한 이동 서비스는 기사와 합의하지 않아도 소비자 필요에 따라 원하는 곳으로 배차할 수 있다. 교통 약자를 위한 이동 서비스를 구현하거나 금요일 밤에 장거리만 골라 태우는 행태를 애초에 차단한다. 기존 카카오모빌리티에서 제공하는 다른 교통수단들과의 연계도 가능하다. 이미 판교, 강남, 세종, 대구 등 자율주행을 제한적으로 운영하는 구역에서 택시를 찾으면 자율주행 서비스를 이용할 수 있다.

아직은 돌발 상황이 발생하면 동승한 자율주행 매니저가 수동 운전으로 전환하는 3단계 수준이지만, 실제 도로 주행에서 쌓인 데이터로 기술 완성도는 더 높아질 것이다. 거기에 카카오가 가진 정보, 즉 사람들이 어디서 어디로 이동하는지에 대한 데이터를 결합한다면 새로운 이동 생태계를 만날 날도 그리 먼 미래가 아닐 것이다.

카카오모빌리티가 시작한 자율주행 서비스

네모라이드는 카카오모빌리티가 시작한 자율주행 서비스다. 카카오맵 기반으로 운영된다. (출처 : 카카오모빌리티 자료)

지도에서 관제까지 아우르는 시스템

카카오모빌리티는 자율주행 자동차뿐 아니라 관제 및 운영 시스템 전체를 개발하고 있다. (출처 : 카카오모빌리티 자료)

07-06

차량이 아닌 로봇을 만드는 네이버랩스

자동차라는 요소를 빼면 자율주행은 로봇에 가장 가깝다

검색과 온라인 스토어 기반이 튼튼한 네이버는 카카오와 달리 사람들의 기호와 공간, 그 사이에 있는 정보에 관심이 많다. 사람을 이어주는 이동 수단으로 보기보다는 자율주행 기술로 스스로 이동하는 공간을 도시 안에 실현하고자 한다.

네이버는 오늘 온라인숍에서 주문한 제품이 무인차에 담겨 몇 시간 후 집 앞으로 찾아오는 경험을 고객에게 제공하려 한다. 이를 위해선 자율주행 기능이 필수다. 네이버 내부에서 로봇과 선행 기술 개발을 전담하는 네이버랩스는 네이버 지도를 기반으로 자율주행을 2010년대 후반부터 꾸준히 개발하며 노하우를 쌓아왔다. 세종시에 설립한 데이터 센터 '각 세종'에 무인 자율주행 셔틀인 알트비를 도입하기도 했다.

네이버랩스는 알트비도 도로를 달리는 로봇으로 여긴다. 물리적인 일을 대신 수행하는 자율 기계라는 로봇의 정의에 걸맞게 알트비는 운전자 대신 이동이라는 업무를 대신한다. 많은 알트비가 서로 연동돼 있다는 점도 로봇의 특성이다. 이처럼 네이버는 자율주행이 로봇에 더 가깝다는 사실을 잘 알고 있으며 분당에 지은 1784 사옥에 로봇 루키를 투입하는 등 다양한 로봇으로 실험을 진행하고 있다.

자율주행보다 로봇으로 운영되는 스마트 시티를 목표로 택한 셈이다. 그렇게 보면 1784 사옥과 각 세종은 스마트 빌딩과 스마트 캠퍼스를 검증하는 시험대이며, 스마트 시티로 가는 전초기지 역할을 맡는다. 최근 네이버는 사우디아라비아 정부와 다양한 기술 협약을 맺고, 수도 리야드를 포함한 도시 5곳을 대상으로 디지털 트윈과 도시 클라우드 등을 개발하기로 했다.

네이버의 ALT 프로젝트

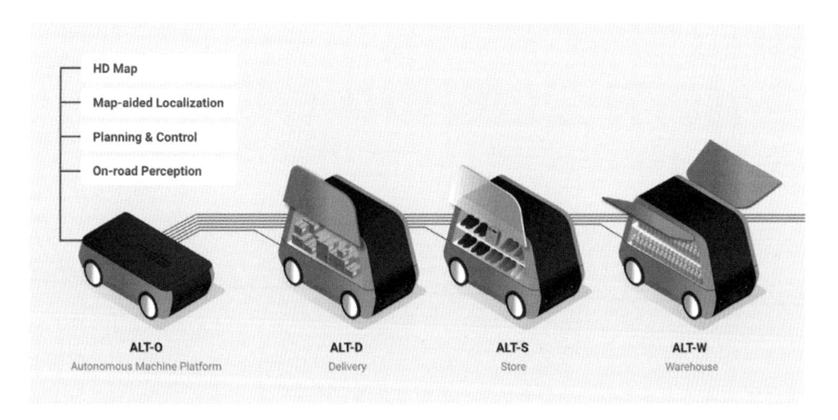

스스로 이동하는 공간을 다양한 형태의 자율주행 셔틀로 구현하는 것이 목표다. (출처 : 네이버랩스 홈페이지)

네이버랩스가 개발한 로봇들

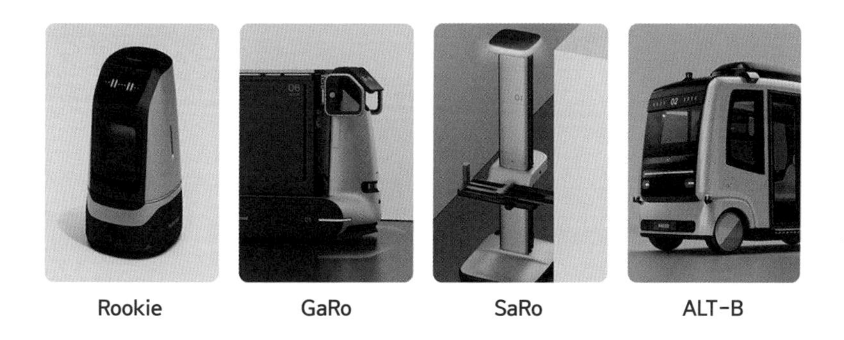

각 세종과 1784 사옥에서 다양한 로봇이 돌아다니며 활약하고 있다. (출처 : 네이버랩스 홈페이지)

07-07

소프트웨어가 중심인 차를 만드는 포티투닷

현대차에서 TAAS 서비스를 이끄는 중심으로 발돋움했다

그동안 자동차 산업은 2톤에 달하는 기계 덩어리를 만드는 일에 집중해 왔다. 서플라이 체인, 즉 부품 업체들의 생태계를 관리하고 생산 설비에서 제품을 효율적으로 잘 제조하는 일이 사업의 많은 부분을 차지했다. 당연히 기존 자동차 산업에서는 부품 공급과 품질 관리가 가장 중요했다. 그러나 시대가 변했다. 하드웨어보다 이를 운영하는 소프트웨어에 의해 시장 경쟁력이 판가름 나는 시대가 됐다.

네이버 CTO에서 물러난 송창현 대표가 2019년에 시작한 포티투닷은 소프트웨어가 중심이 되는 SDV(Software Defined Vehicle) 개발을 목표로 한다. 스마트폰처럼 차량을 업데이트하면서 자율주행이나 음성 인식, 데이터 플랫폼, 사이버 보안 등을 한 시스템에 연결해 계속 최적화한다. 특히 차량 소프트웨어와 스마트폰을 연결해 엔터테인먼트 콘텐츠를 제공하는 서비스는 물론이고 충전, 주차, 결제 등 개인화 서비스까지 확장해 제공할 계획도 하고 있다.

2022년 청계천 주변에서 처음 선보인 AEV(자율주행 전기차)는 포티투닷의 사업 방향성을 잘 보여준다. 이 차량은 정해진 루트를 도는데, 스마트폰 앱으로 접근이 가능하다. 차량 도로 운송 데이터를 연결하는 플랫폼을 구축해서 실시간으로 모니터링하고, 운행을 최적화하면서 필요시에 즉시 대응할 수 있게 했다. 제한된 경로이지만 공로에서 카메라와 레이더만으로 레벨 4 수준의 자율주행 시스템을 만든 점도 매력적이다.

초기 투자자였던 현대차 그룹은 2021년에 포티투닷을 자회사로 영입했다. 이는 자동차 제조사가 기존 틀을 깨려고 얼마나 노력하는지를 보여준다.

포티투닷이 실현하고자 하는 기능들

SDV 개발로 구현하려는 이 기능들을 보자면 스마트폰과 크게 다르지 않다. (출처 : 포티투닷 홈페이지)

포티투닷에서 운행하는 AEV

이 차량은 청계천 주변을 순환하는 무인 자율주행 셔틀이다. (출처 : 포티투닷 홈페이지)

07-08

화물차 자율주행 운전에 집중한 마스오토

영리하게 물류에 접근해서 수익 내는 법을 찾아내다

2017년에 시작한 마스오토는 독특한 자율주행 스타트업이다. 그들은 완전 자율주행에 관심이 없다. 자율주행을 일반 승용차가 아니라 화물차에 적용하려고 하며, 사업 대상도 완성차 업체가 아니라 물류 사업을 하는 대한통운이나 한진 같은 운송사다.

운송사들의 가장 큰 고민은 낮은 수익률이다. 비용 대부분이 인건비와 유류비로 나간다. 이런 상황에서 인건비를 절감하려면 완전 자율주행으로 대체하는 방법밖에 없지만, 아직은 너무 먼 미래의 일이다. 그래서 마스오토는 비교적 손쉽게 해결할 수 있는 일, 즉 유류비 문제를 개선하는 데 집중했다. 올바른 운전 습관에 맞춰 주행하는 자율주행 시스템으로 주행 중 연비를 올린다.

자동차 연비는 운전 습관에 영향을 많이 받는다. 급가속과 급브레이크를 줄이고 최대한 경제속도를 지켜 정속 주행을 하면 연비가 개선된다. 20~25톤 트럭은 부산에서 서울로 가는 편도 유류비가 20만 원 정도인데, 자율주행 프로그램을 사용하면 20% 정도를 절감할 수 있다. 화물차 자율주행의 경우, 혼잡하지 않은 고속도로 주행에만 집중할 수 있어서 기술 장벽이 낮은 편이다. 정속 주행으로 안전 운행을 보장하고, 정비 비용도 절감할 수 있다.

물류 창고 운송은 시장 규모가 약 8조 원에 달하지만 그간 아무도 주목하지 않았다. 마스오토는 이 블루오션에 먼저 눈을 돌린 덕분에 150억 규모의 시리즈 A 투자를 받으며 물류 업계의 주목을 받았다. 지금은 물류 회사가 주고객이지만, 물류 배차 시스템으로 유통 업계에서 남다른 수익률을 달성하는 것이 다음 목표다. 이런 시스템이 구축되면 고된 일로 악명 높은 운송 업무 환경을 개선하는 데 이바지할 수 있을 것이다.

초창기 테스트 시험차와 현재 운영 중인 자율주행 트럭

마스오토의 지향점은 완전 무인차가 아니다. 기사가 동승하고 시스템이 주행을 담당한다. (출처 : 마스오토 홈페이지)

자율주행으로 대체한 고속도로 운전

고속도로에 접어들면 주행 대부분은 자율주행 시스템이 한다. 운전기사의 피로도를 줄일 수 있다. (출처 : 마스오토 홈페이지)

Column

자율주행과 인공지능 그리고 반도체 전쟁

차가 스스로 주행하려면 인식·판단·제어라는 3단계를 거친다. 그중 가장 쉬운 단계는 제어다. ADAS 기능에서 확인하듯 제어 기능은 이미 구현돼 있다. 그러나 전 단계인 인식과 판단은 다른 차원의 문제다.

인간은 자연스럽게 주변을 보고, 인식하고, 판단한다. 그 과정에는 태어나면서부터 쌓아온 수많은 경험이 녹아 있다. 형체를 보고 차인지, 사람인지 구별하고 택배 트럭이면 갑자기 멈출 수도 있다. 이 모든 사실을 우리는 경험적으로 알고 판단한다.

챗GPT도 상위 버전이 훨씬 더 강력하듯이 결국 자율주행 인공지능의 성능도 경험에 해당하는 데이터를 얼마나 많이 쌓느냐에 달려 있다. 개별 자동차 시험 데이터로는 턱없이 부족하다. 데이터를 축적하려면 고객이 주행하는 과정에서 측정한 모든 데이터를 활용해야 한다. 모든 차가 네트워크를 이용해 데이터를 서버에 공유해야 한다는 말이다. 이렇게 모인 수많은 데이터를 분석하는 데는 엄청난 양의 연산장치도 필요하다.

이렇듯 미래의 자율주행, 더 나아가 인공지능을 활용한 산업의 경쟁력은 데이터를 모으고 연결하고 분석하는 역량에 달려 있다. 그 중심에는 GPU를 중심으로 한 반도체 확보가 필수다. 누구나 예상하듯 앞으로 반도체를 둘러싼 경쟁과 갈등은 더욱 심해질 것이다. 우리나라 반도체 업계도 미래를 준비 중이다. 기존 메모리 분야의 역량을 강화하고, 비메모리 분야를 개척하려고 나섰다. 반도체 문제는 국제정세까지 얽혀 복잡하다. 이 실타래를 어떻게 풀어갈지 여러 업체가 제시하는 비전과 성과를 비교하며 지켜보는 것도 개인에게는 흥미로운 일이 될 것이다.

참고 문헌

《AI 인공지능 자율주행 자동차》, 장문철, 앤써북, 2021

《自動運轉の本》, Kraisorn Throngnumchai, 일간공업신문사, 2022(2판)

《자동차 구조 교과서》, 아오야마 모토오, 보누스, 2015

《자동차 첨단기술 교과서》, 다카네 히데유키, 보누스, 2016

《자율 주행의 모든 것》, 삼영서방 편저, 골든벨, 2019

《자율 주행차량 기술 입문》, 행키 샤프리, 에이콘, 2021

《자율주행 자동차 만들기》, 리우샤오샨 외 7명, 에이콘, 2018

참고 사이트

European Commission : commission.europa.eu/index_en

International Telecommunication Union : itu.int

Mathworks 코리아 : kr.mathworks.com

Mckinsey & Company Automotive Industry Report : mckinsey.com/industries/automotive-and-assembly/our-insights

SK텔레콤 뉴스룸 : news.sktelecom.com

Society of Automotive Engineering(SAE) : sae.org

Synopsys Automotive Report : synopsys.com/automotive.html

Tesla Autopilot : tesla.com/support/autopilot

글로벌 오토뉴스 : global-autonews.com

네이버랩스 : naverlabs.com/storyList

대한민국 국토교통부 : molit.go.kr/portal.do

데이터 헌트 트렌드 인사이트 : thedatahunt.com/trend-insight

마스오토 : marsauto.com

모라이 : morai.ai/ko

모터 매거진 : motormag.co.kr

서울로보틱스 : seoulrobotics.org

스트라드비젼 : stradvision.com/sv

오토모티브 일렉트로닉스 매거진 : autoelectronics.co.kr

자동차안전연구원 : katri.or.kr/web/main/index.do

자율주행차 표준화 포럼 : avstandard.or.kr

카카오모빌리티 자율주행 : kakaomobility.com/autonomous

코드 연구소 : code-lab1.tistory.com

한국자동차공학회(KSAE) : ksae.org/index.php

한국자동차연구원 : katech.re.kr

한국항공우주연구원 : kari.re.kr/kor.do

현대자동차 자율주행 컨텐츠 : hyundai.co.kr/tag/1075

찾아보기

A~Z/숫자

바

사

아

자

차

카

타

파

하

일러스트 남지우

프리랜서 일러스트레이터. 대학에서 디자인과 함께 공학을 공부한 색다른 이력의 그림 작가. 전공 이력을 살려 정확한 지식을 바탕으로 독자들에게 흥미롭고 유익한 정보를 전달하려고 노력한다. 과학을 어렵고 지루한 것으로 느끼는 사람들에게 과학의 재미와 가치를 알려주는 게 목표다. 그동안 과학 도서, 과학 잡지, 과학 교육 자료 등 여러 삽화 작업에 참여했다. 그린 책으로《자동차 연비 구조 교과서》《인공지능 구조 원리 교과서》《어린이 비행기 구조 대백과》《80일간의 세계 일주》《죄와 벌》등이 있다.

자동차 자율주행 기술 교과서

인공지능 시대의 자동차 첨단기술을 이해하는 자율주행 메커니즘 해설

1판 1쇄 펴낸 날 2024년 7월 5일

지은이 이정원
일러스트 남지우
주간 안채원
책임편집 윤대호
편집 채선희, 윤성하, 장서진
디자인 김수인, 이예은
마케팅 함정윤, 김희진

펴낸이 박윤태
펴낸곳 보누스
등록 2001년 8월 17일 제313-2002-179호
주소 서울시 마포구 동교로12안길 31 보누스 4층
전화 02-333-3114
팩스 02-3143-3254
이메일 bonus@bonusbook.co.kr

ISBN 978-89-6494-701-2 03550

• 책값은 뒤표지에 있습니다.

지적생활자를 위한 교과서 시리즈 지식은 현장에 있다

자동차 구조 교과서
아오야마 모토오 지음
김정환 옮김
임옥택 감수 | 224면

자동차 정비 교과서
와키모리 히로시 지음
김정환 옮김
김태천 감수 | 216면

자동차 에코기술 교과서
다카네 히데유키 지음
김정환 옮김
류민 감수 | 200면

자동차 연비 구조 교과서
이정원 지음 | 192면

자동차 첨단기술 교과서
다카네 히데유키 지음
김정환 옮김
임옥택 감수 | 208면

전기차 첨단기술 교과서
톰 덴튼 지음
김종명 옮김 | 384면

자동차 운전 교과서
가와사키 준코 지음
신찬 옮김 | 208면

자동차 버튼 기능 교과서
마이클 지음 | 128면
(스프링)

로드바이크 진화론
나카자와 다카시 지음
김정환 옮김 | 232면

모터사이클 구조 원리 교과서
이치카와 가쓰히코 지음
조정호 감수 | 216면

비행기 구조 교과서
나카무라 간지 지음
전종훈 옮김
김영남 감수 | 232면

비행기 엔진 교과서
나카무라 간지 지음
신찬 옮김
김영남 감수 | 232면

비행기 역학 교과서
고바야시 아키오 지음
전종훈 옮김
임진식 감수 | 256면

비행기 조종 교과서
나카무라 간지 지음
김정환 옮김
김영남 감수 | 232면

비행기 조종 기술 교과서
나카무라 간지 지음
전종훈 옮김
마대우 감수 | 224면

비행기, 하마터면 그냥 탈 뻔했어
아라완 위파 지음
최성수 감수 | 256면

헬리콥터 조종 교과서
스즈키 히데오 지음
김정환 옮김 | 204면

기상 예측 교과서
후루카와 다케히코,
오키 하야토 지음
신찬 옮김 | 272면

다리 구조 교과서
시오이 유키타케 지음
김정환 옮김
문지영 감수 | 248면

반도체 구조 원리 교과서
니시쿠보 야스히코 지음
김소영 옮김 | 280면

권총의 과학
가노 요시노리 지음
신찬 옮김 | 240면

총의 과학
가노 요시노리 지음
신찬 옮김 | 236면

사격의 과학
가노 요시노리 지음
신찬 옮김 | 234면

잠수함의 과학
야마우치 도시히데 지음
강태욱 옮김 | 224면

악기 구조 교과서
야나기다 마스조 지음
안혜은 옮김
최원석 감수 | 228면

인공지능 구조 원리 교과서
송경빈 지음 | 232면

홈 레코딩 마스터 교과서
김현부 지음
윤여문 감수 | 450면

꼬마빌딩 건축 실전 교과서
김주창 지음 | 313면

조명 인테리어 셀프 교과서
김은희 지음 | 232면

세탁하기 좋은 날
세탁하기좋은날TV 지음
160면

인체 의학 도감 시리즈
MENS SANA IN CORPORE SANO

인체 해부학 대백과
켄 에슈웰 지음
한소영 옮김 | 232면

인체 구조 교과서
다케우치 슈지 지음
오시연 옮김
전재우 감수 | 208면

뇌·신경 구조 교과서
노가미 하루오 지음
장은정 옮김
이문영 감수 | 200면

뼈·관절 구조 교과서
마쓰무라 다카히로 지음
장은정 옮김 | 다케우치 슈지,
이문영 감수 | 204면

혈관·내장 구조 교과서
노가미 하루오 외 2인 지음
장은정 옮김 | 이문영 감수
220면

인체 면역학 교과서
스즈키 류지 지음
장은정 옮김
김홍배 감수 | 240면

인체 생리학 교과서
장은성 옮김
이시카와 다카시,
김홍배 감수 | 243면

인체 영양학 교과서
장은성 옮김
가와시마 유키코,
김재일 감수 | 256면

질병 구조 교과서
윤경희 옮김
나라 노부오 감수 | 208면

동양의학 치료 교과서
장은정 옮김
센토 세이시로 감수 | 264면

SELF 자급자족 시리즈
자연과 사람을 위한 지식

농촌생활 교과서
성미당출판 지음
김정환 옮김 | 272면

산속생활 교과서
오우치 마사노부 지음
김정환 옮김 | 224면

무비료 텃밭농사 교과서
오카모토 요리타카 지음
황세정 옮김 | 264면

텃밭 농사 흙 만들기 비료 사용법 교과서
오우치 마사노부 지음
김정환 옮김 | 224면

매듭 교과서
박재영 옮김
하네다 오사무 감수 | 224면

목공 짜맞춤 설계 교과서
테리 놀 지음 | 이은경 옮김
이동석, 정철태 감수 | 224면

집수리 셀프 교과서
맷 웨버 지음 | 김은지 옮김
240면

태양광 발전기 교과서
나카무라 마사히로 지음
이용택 옮김 | 이재열 감수
184면

스포츠 시리즈

TI 수영 교과서
테리 래플린 지음
정지현, 김지영 옮김
폴 안 감수 | 208면

다트 교과서
이다원 지음 | 144면

당구 3쿠션 300 돌파 교과서
안드레 에플러 지음
김홍균 감수 | 352면

배드민턴 전술 교과서
후지모토 호세마리 지음
이정미 옮김
김기석 감수 | 160면

테니스 전술 교과서
호리우치 쇼이치 지음
이정미 옮김
정진화 감수 | 304면

서핑 교과서
이승대 지음 | 210면

야구 교과서
잭 햄플 지음
문은실 옮김 | 336면

야구 룰 교과서
댄 포모사, 폴 햄버거 지음
문은실 옮김 | 304면

체스 교과서
가리 카스파로프 지음
송진우 옮김 | 97면

클라이밍 교과서
ROCK & SNOW 지음
노경아 옮김
김자하 감수 | 144면

트레일 러닝 교과서
오쿠노미야 슌스케 지음
신찬 옮김 | 172면